旅鉄車両ファイル 009

国鉄 ED75形 電気機関車

ED75形129号機を先頭に重連でコンテナ列車を牽引するED75形。本宮～杉田間 2006年7月29日　写真／高橋政士

空転抑制のため撒砂を行いながら越河越えを行う111号機。勾配区間に全力アタックする姿を見せてくれたのもED75形の魅力。
藤田～貝田間　写真／植村直人

昭和天皇・香淳皇后のご成婚60周年のフルムーンご旅行の際に運転されたお召列車。磐越西線内はED77形12号機が、福島～黒磯間はED75形121号機が牽引した。
郡山　1984年9月27日　写真／中村 忠

花形運用の寝台特急牽引。1000番代は20系・10000系貨車牽引用の装備を持ったグループだが、14・24系では番代に関係なく牽引が可能。「北斗星」用の改造車を組み込んだ青函トンネル開業前の姿。1986年 写真／植村直人

現在、鉄道博物館に収蔵されている775号機が牽引する寝台特急「あけぼの」。B寝台個室「ソロ」を2両連結した陸羽東線経由時代の姿。
写真／植村直人

1988年に122号機から施工されたJR貨物のED75形試験塗色機。このほか126・1004・1005号機の計4両がこの塗色となった。18Aコンテナと同様の塗り分けがアクセントで、前面窓まわりが黒いことから、当初「パンダ釜」と呼ばれた。越河～白石間　1991年3月24日　写真／千葉恵一

JR貨物では1993年の138号機からED75形の更新工事を開始した。更新車には識別を容易にするため腰板部分をアイボリーホワイト（クリーム12号と思われる）とした。黒パンダに対して「白パンダ」と呼ばれた。豊原～新白坂間　2005年2月25日　写真／高橋政士

腰板部分がアイボリーホワイトの更新色に対して、2003年7月に出場した1028号機からは車体裾まわりのみを白色とした塗り分けに変更となった。仙台総合鉄道部到着後に車体側面に「ED75」のロゴが大書きされた。越河～白石間　2003年7月22日　写真／植村直人

JR東日本所属の700番代は、国鉄最末期の1987年1月に登場したジョイフルトレイン「オリエントサルーン」専用色となったものもあり、707・711・751・766・767号機の合計5両がこの塗色となった。「オリエントサルーン」廃車後は767号機が専用塗色で残っていたが、2005年に一般色へと戻され、現在も秋田総合車両センターで現役である。
品井沼～鹿島台間　1990年11月24日　写真／千葉恵一

JR貨物発足直後の1987年6月に施工されたシンプルな試験塗色の141号機。後の更新色を連想させる面倒な塗り分け位置を避けたデザインが秀逸だが、普及することなく、1両のみの存在に終わった。
陸前山王～塩釜間　1990年1月21日　写真／千葉恵一

2004年10月23日に発生した新潟県中越地震により上越線が不通となり、紙輸送用の貨物列車が、11月12日から翌年3月24日まで磐越西線経由で運転された。黒磯～会津若松間はED75形が牽引を担当した。雪晴れの磐梯山をバックにハワム車を牽引する102号機。更科（信）～磐梯町間 2005年3月21日 写真／高橋政士

序　文

筆者が東北旅行をするようになった1970年代後半頃は、多くの客車列車が走っていた。電化区間でそれを牽引するのは、貨物列車も含めどこも赤い電気機関車だった。コンパクトな車体に中間台車を持ったED77形、大柄な車体で板谷峠を往来するED78形、EF71形、重連で貨物列車を牽引する小柄なED75形に加え、わずかながら活躍を続けていたED71形も見ることはできた。

高校は電気科を選択したが、その頃から電気車の制御方式について好奇心が湧いてきて、直流電気機関車よりも多彩な制御方式がある交流電気機関車に興味が出てきた。しかし、交流電気機関車の制御方式は難しく、資料はあっても読み解く知識が乏しく、そのうちにディーゼル機関車の魅力には勝てず、趣味はそちらの方が主体となった。

国鉄が分割民営化後、東北本線の貨物列車は機関車運用の手間を省くため、ED75形重連による運用が多くなった。電気機関車が重連で長大貨物列車を長距離牽引するのを恒常的に見られたのは東北本線ぐらいで、この頃からED75形の撮影に訪れることが多くなり、同時に多くの仲間も増え、そういった仲間と共にいつしかED75形は一番好きな機関車となっていった。

そこで再び「交流電気機関車の制御方式」という好奇心が湧き始めた。現在、世の中はインターネットの世界。古い資料などもネットで見つかる良い時代になった。そこで今回は改めて、交流電気機関車の標準型のED75形を中心に、制御方式から交流電気車の歴史を振り返ってみようと本書を企画させていただいた。

しかしながら筆者の力量不足により、制御方式の歴史は筆者が理解できる範囲での記述となったのは少々残念である。本編たるED75形についても紙幅の都合から新製時の状況を主体に記述するに留まっている。運用開始後の改造や変遷などについては趣味誌などに発表されているので、こちらをご覧いただければと思う。

なお、本書の執筆にあたっては、多方面から多大な協力を頂いた。ひとまとめで恐縮ではあるが、改めて感謝の意を申し上げたい。

2023年7月
高橋政士

Contents 旅鉄車両ファイル 009

表紙写真：
表紙写真：ED75形1034号機+50系客車
沼宮内〜御堂間
1995年7月
写真／高橋政士

第1章

交流電気車史における ED75形

交流電気車において、形式による大きな違いとなるのが制御方式である。直流電気車は平坦線用、勾配用などとさまざまな形式が登場したが、制御方式は基本的に抵抗制御である。しかし交流電気車は、試作車のED44・45形から最終形式となるED78形、さらに電車の713系まで、技術の進歩に合わせてさまざまな制御方式が採用された。第1章では、交流電気車発達史における、ED75形の立ち位置を検証する。

制御方式から見た日本の交流電気車

国内における交流電気車の制御方式は、技術変革期と重なったこともあって、国鉄時代はほぼ抵抗制御で推移した直流電気機関車とは違って大きく変化した。合わせて、新幹線をはじめとする交流電車の制御方式も電気機関車と密接に関わっている。ここでは交流電気車の制御方式の変遷を振り返ってみよう。

ED45形1号機から形式変更後のED91形1号機。仙山線で営業列車に使用された。1968年のED78形投入後も旅客列車を中心に運用されたが、老朽化や部品入手困難もあり、1970年にED78形10・11号機に置き換えられて廃車となった。仙台　1964年8月　写真／辻阪昭浩

交流電気車制御の模索

交流電化の長所

第二次世界大戦後の復興も一段落着く頃、国鉄では動力近代化の名の下に主要路線の電化などが推進されることとなった。しかし、直流電化を推進するためには、交流を直流に変換するなど、設備構成が多い変電所などの施設を多数建設する必要があり、距離が長い幹線では地上設備に多額の投資が必要である。

そこで変電所間隔が長く、地上設備費の低コスト化が可能な交流電化を採用することとした。交流電気は独特の欠点もあるが、変圧器(コラム1参照)で容易に電圧を変換できるため、高電圧とすることで損失の要因となる電流を相対的に少なくし、長距離送電が比較的容易に可能となり、変電所間隔を長く取れるなど、大きな利点もある。

当時の交流電化方式は、一般家庭などに電力を供給する商用周波数(ヨーロッパでは50Hz)に対して、制御方式の都合から周波数を商用周波数の1/2や1/3にする低周波数方式が採用されていたが、独自の送電設備が必要となることから普及は一部に留まっていた。

商用周波数方式を導入

フランスでは、第二次世界大戦後にドイツで開発が進められていた商用周波数による交流電化方式を参考に開発し、好成績を収めたことから、日本においても商用周波数方式を採用することとなった。

フランスでは変圧器の高圧タップ制御(コラム2参照)と水銀整流器(コラム3参照)による電圧制御により、当時一般に電気車に使用される直流直巻電動機を制御する方式がもっとも優れた成績を示した。ほかにも交流電動機+発電機による方式も実用化されたが、重量が大きくなる欠点があった。

COLUMN ❶

変圧器

変圧器の構造

電磁誘導によって交流電圧を変化させるための電気機器。簡単にいえば薄い鉄板を何枚も重ねた鉄心(成層鉄心)に、入力側と出力側となる巻線(コイル)を巻いた構造となっている。入力側を1次側、出力側を2次側と呼ぶ。

1次側のコイルで発生した磁力線が鉄心内を通り、2次側のコイルに電磁誘導によって電気が発生する。この時、1次側コイルの巻き数に対して、2次側コイルの巻き数が半分なら、2次側の電圧は1次側の1/2(降圧)となり、2次側の電流は2倍となる。また、2次側コイルの途中から、2次側の最高電圧内であれば中間電圧を取り出すことも可能で、これを「タップ」と呼ぶ。

変圧器の応用

逆方向に動作させることも可能で、その場合は「昇圧変圧器」などと呼ばれる。鉄道車両では12系客車と20系客車を併結した時に、12系から供給される440Vのサービス電源を20系の660Vに対応させるために使用されたことがある。

入力側と出力側は電気的に絶縁されているので、1次側、2次側とも電圧が異なると共に、電気的な別回路を作ることも可能で、このコイルを順番に3次側、4次側と呼ぶこともある。

高圧タップ制御(コラム2)で使用される単巻変圧器は同一巻線から任意の電圧を取り出しているが、通常の変圧器は1次側と2次側のコイルは電気的に独立している。

1次側と2次側が絶縁されていることから、主回路の電圧を安全に測定するため、交流電機の架線電圧計用の計器用変圧器などにも利用されている。巻線比1:1のものは絶縁変圧器と呼ばれ、回路を絶縁する際や、BT交流電化方式のブースタトランスなどで使用する。

COLUMN ❷

タップ制御

高圧タップ制御

変圧器は巻線の比率によって出力の電圧を変化させることが可能であるため、巻線の途中から口出し線(タップ)を設けて、タップを選択することで任意の電圧を得る制御方式で、高圧タップ制御と低圧タップ制御がある。

高圧タップ制御は電流が小さいため、大出力の電気機関車の制御に向いている。パンタグラフから取り入れた電気をタップ付きの単巻変圧器で電圧調整をして、それを固定巻線比の整流変圧器で任意の電圧を得る。タップ切換器では架線電圧側の高電圧を扱うため、絶縁には特別な留意が必要で、変圧器構造も複雑で重量も大きいものとなる。また、電圧変動率が大きく、この影響は空転の恐れのある低速域でより影響が顕著になる傾向があった。

低圧タップ制御

低圧タップ制御は変圧器の低圧側となる2次側の巻線にタップを設けて電圧制御する方法で、タップ切換器で扱う電流が大きくなることから、大きな出力が必要な電気機関車には向いていないとされていた。しかし、タップ切換器の絶縁に対する制約が少なく、変圧器も構造が簡単で小型になるため、床下設置となる電車などには有効であり、新幹線0系電車ではこの方式が採用された。

磁気増幅器を使用することで、タップ切換時に接点でアークが発生しない方法が確立されたことで、ED75形では低圧タップ制御が採用されるに至った。

COLUMN 3

水銀整流器

水銀整流器の原理

真空状態にした水銀槽の中に黒鉛製の陽極を設け、水銀を陰極とした一種の真空管で、水銀蒸気中に発生させたアーク放電が一方方向にしか電流を流さない整流作用を行うことから、これを利用して交流を直流に変換する整流器として使用するものである。

陽極と陰極の間には格子(グリッド)があり、これによって陽極と陰極間の電圧を制御する格子位相制御ができる。また、インバータ運転も可能となるなど意外と多機能である。国鉄の試作交直流電気機関車・ED46形では、この特性を利用して、直流区間を走行中に客車暖房用の電源をイグナイトロン水銀整流器のインバータ運転により作り出していた。

また、水銀整流器を直流電化区間の変電所に地上設置した場合、走行する電気車が回生ブレーキ付きなら、架線電圧上昇分を送電線へ送り返すことも可能となっていた。板谷峠が直流電化だった頃、インバータ運転用に別途水銀整流器を設置して電力回生ブレーキに対応していた。しかしEF64形は出力が大きいため、水銀整流器を全部整流用にしてもギリギリの容量だったと伝えられている。

種類と構造

鉄道車両用にはエキサイトロン方式とイグナイトロン方式の2種類がある。これはアーク放電を開始させる(点弧という)際の方式の違いによるもので、先輩格のエキサイトロンは水銀を点弧極に吹きかけて点弧し、そのアーク放電を持続させるもので、「原子を励起させること」や、「磁場を発生させる」などの意味を持つ「エキサイト」が語源となっている。

後輩のイグナイトロンは、水銀面にイグナイタ(点弧子)が浸してあり、イグナイタに加圧することで点弧させる。すなわち、陽極が+になった時に点弧するため、−になった時には消弧し、再び+になった時に点弧する方式となっている。こちらは「点火する」という意味の「イグナイト」が語源となっている。初期の頃にはイグナイタが走行中の振動で脱落するなどの故障に見舞われたが、メーカーも国鉄も必死で対処したため故障も少なくなった。

難しい運転管理

水銀アークを安定化させるためには水銀槽の温度管理が必要で、運転開始に際しては温度を一定程度上昇させなければならないなど、運用面では不便な側面もあった。ED71形が小牛田以北の運用を持たなかったのも、寒冷地での温度管理に難があったからといわれているが、実際には仙台地区より白河付近の方が標高が高く、最低気温も低くなる場合が多いので、故障時を考慮して所属の福島機関区から遠く離れる運用に入れなかったのではと推測される。

水銀整流器は本来は地上に設置して使用するものだが、車両搭載とするためにさまざまな工夫が施され、交流電気機関車用整流器の地位を確立したかに見えたが、技術の進歩は想像以上に急激で、半導体であるシリコン整流器の急速な普及と、さらに電力制御が可能なサイリスタが実用化されるとあっという間に過去の遺物となってしまった。

なお、鉄道車両用のものは鉄製容器だったが、地上設置用はガラス製のものがあり、ガラス製多陽極水銀整流器はその形状から「タコ」と呼ばれ、稼働状態のものもあるようだ。運転時には水銀アークから紫外線を含む光が出るので青白く発光する。

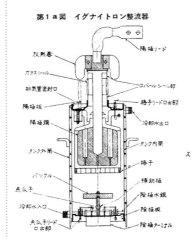

イグナイトロン整流器
(ED45形1号機、ED70形が採用)

第1a図 イグナイトロン整流器

エキサイトロン整流器
(ED45形21号機が採用)

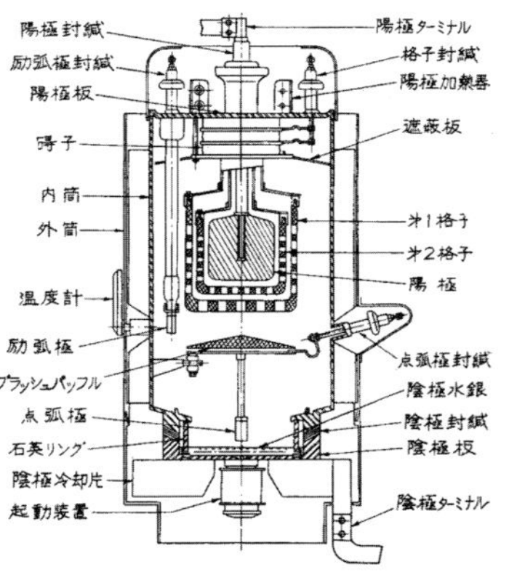

出典/『鉄道工場』1959年1月

昭和30年８月に日本で初めて試作された単相交流50サイクルの直接形交流電気機関車

ＥＤ44形交流電氣機關車

直接形（変圧器で降圧するだけで整流子電動機を駆動する方式）で50サイクルのものは、従来世界でもあまり実施されていなかつたが、近年強力な鉄道用にも適する整流子電動機が作れるようになり、フランス・ドイツ等では既に採用され、**我国でもこの新技術をとり入れて、輸送方式の近代化と経営の合理化とを推進しようとしています。**

一般に交流電化では、直流電化のように発電所から送られた交流を、変電所で直流にかえる必要がないので、変電所は簡単で数も少なくてすみ、また機関車内の変圧器によつて電圧を変えることができるので、電車線電圧を高く選んで電流を小さくすることができ、電車線も簡単になります。従つて機関車の製作費は、直流機関車と同程度ですが、**地上設備費が直流電化の６～７割ですむので、全体として経済的になります。**

1955　日本国有鉄道

おもな特徴

直接電動形　この機関車に使つている直巻の整流子電動機は速度、引張力特性が車両けん引用として、最も適している直流直巻電動機に似ているため、よい性能が得られたうえ、機関車の製作費は、他の形式の交流機関車に比べて安くなります。

任意の経済速度　直流機関車のように起動抵抗器を使わず、変圧器のタツプ切換えによつて、速度制御を行つているから任意のノツチ、従つて任意の速度で運転することでがき、また電車線電圧の変動にわざわいされず、つねに機関車の全出力を出すことができます。

低圧で構造簡単堅ろうな補機　主変圧器タツプから低圧の単相交流をとり、相数変換機でこれを３相にかえ、補助電動機として構造簡単で、堅ろうな三相誘導電動機を使用しています。

パンタグラフ　パンタグラフは集電電流が少ないので構造が簡単になり、集電舟も１個でよく、２台のパンタグラフのうち１台は予備です。このパンタグラフは空気上昇式になつています。

高圧機器はすべて屋根上にある　電車線電圧が交流の特別高圧なので、安全のため高圧機器はすべて屋根面に取付けてあり、運転室または機械室からそれらを、安全に操作できるようにしてあります。

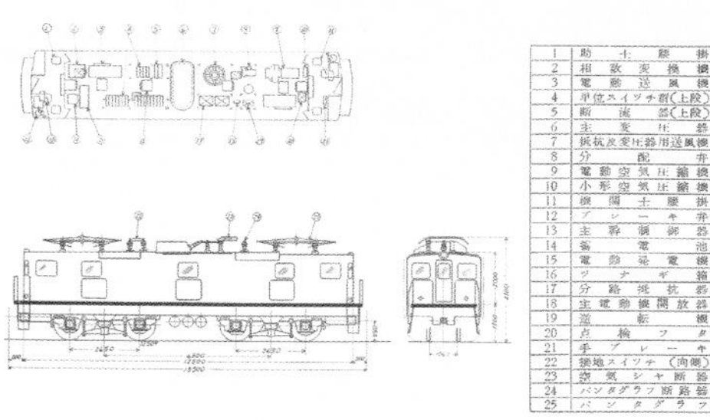

1	助士腰掛
2	相数変換機
3	電動送風機
4	単位スイッチ箱(上段)
5	断流器(上段)
6	主変圧器
7	抵抗及変圧器用送風機
8	分配弁
9	電動空気圧縮機
10	小形空気圧縮機
11	機関士腰掛
12	ブレーキ弁
13	主幹制御器
14	蓄電池
15	電動発電機
16	ツナギ箱
17	分路抵抗器
18	主電動機開放器
19	逆転機
20	点検フタ
21	手ブレーキ
22	接地スイッチ(両側)
23	空気シャ断器
24	パンタグラフ開放器
25	パンタグラフ

ＥＤ44形諸元

〔機関車形式〕箱形両運転台式	〔主電動機〕単相交流整流子電動機
〔機関車重量〕運転整備重量　55.8t	個数　4個
〔台車形式〕２軸ボギー	〔動力伝達装置〕平歯車一段減速ツリカケ式
〔性能〕電気方式　単相交流　50～20KV	歯数比　16：93＝1：5.81
日立　東洋　富士	動輪直径　1,250mm
一時間定格出力(KW)　920　1,060　1,340	〔制御方式〕主変圧器の低圧側タツプ切換方式
〃　速度(km/h)　37.6　40.0　45.5	ノツチ数　16
〃　引張力(kg)　8,750　9,500　10,550	〔制御装置〕電磁式および電磁空気単位スイツチ式
最高安全速度(km/h)　70　70　70	電源電圧　直流　48V
※日立は連続定格	〔補機駆動方式〕相数変換機により単相を3相にかえ、３相交流誘導電動機を駆動する。電圧　３相200V
〔主変圧器〕	〔ブレーキ装置〕ＥＬ14ＡＳ形空気ブレーキおよび手ブレーキ
形式　内鉄形、送油風冷式	〔灯装置〕電源電圧　24V
定格容量　連続励磁、連続定格　1370KVA	
個数　１台	

国鉄が形式ごとに作成した二つ折りのパンフレット。両面に印刷され、中学生でもわかる内容で解説されている。所蔵／小寺幹久

ＥＤ45形交流電氣機關車

この電気機関車は、整流子電動機を使用する直接形のＥＤ44形と共に日本で初めて（昭和30年９月）作られた、単相交流50サイクルの**水銀整流器形交流電気機関車**で、イグナイトロン式のため、**イグナイトロン機関車**とも呼ばれます。

交流機関車としての一般的な特長は、直接形と同様ですが、整流器形は変電所設備を機関車内に搭載した直流機関車のようなもので、駆動用の主電動機には直流直巻電動機を使つています。

1955　日本国有鉄道

おもな特徴

水銀整流器形　整流器形は直接電動形に比べて、製作費は多小高くなりますが、直流直巻電動機を使用しているので、引張特性は交流機関車のうちで最もすぐれています。また交流の周波数に、あまりえいきようされないので、少しの改造で、60サイクルにも使用することができます。

多段制御　主変圧器のタツプ切換、イグナイトロン位相制御などにより多段の速度制御を行つていますから、運転時の衝動が少く、また直接電動形と同様に任意の速度で、運転することができます。

低圧で構造簡単、堅ろうな補機　補助電動機として低圧で構造簡単、堅ろうな三相誘導電動機を、使用していることはＥＤ44形と同様です。

パンタグラフ　パンタグラフが、構造簡単となることはＥＤ44形と同じですが、この機関車は、バネ上昇式を使つていますので一層簡単になつています。

高圧機器はすべて屋根上にある　高圧機器がすべて屋根面に取付けてあり、乗務員の安全をはかつてあることは、ＥＤ44形と同様です。

国鉄では、商用周波数50サイクルの単相交流による最も安価な電化方式を研究するため、昭和28年から総裁のもとに、**交流電化調査委員会**を設置して、交流電化の技術、ならびに経済的な点などについて、早急に結論を見出すように計画を進めております。

過去２年間にわたる検討の結果、仙山線（仙台―山形間）の一部区間において、今年２月からは既に第１期の静的試験をおこない、続いて７月からは第２期の動的試験を、国内試作機関車によつておこなつています。その結果、鉄道動力の革命ともいうべき50サイクル交流電化は、わが国でも極めて有利である見通しがつき、電化による鉄道の近代化を大いに促進することができるでしょう。

ＥＤ45形諸元

〔機関車形式〕箱形両運転台式	300A（８インチ）
〔機関車重量〕運転整備重量　60.8t	個数　８個
〔台車形式〕揺マクラ式２軸ボギー	〔主電動機〕形式　MB-3026-A(台車装架式)
〔性能〕電気方式　単相交流　50～20KV	連続定格出力　250KW
連続定格出力　1000KW	個数　４個
〃　速度　34km/h	〔動力伝達装置〕
〃　引張力　10600kg	１段歯車減速可撓式　歯数式　16：91＝1：5.6
最大安全速度　85km/h	動輪直径　1,070mm
〔主変圧器〕形式　外鉄形、送油風冷式	〔制御方式〕主変圧器低圧側タツプ切換、イグナイトロン位相制御および主電動機弱界磁制御
定格容量　連続励磁、１時間定格　1510KVA	〔制御装置〕電磁空気単式スイツチ式
個数　１台	電源電圧　直流　48V
〔イグナイトロン整流器〕	〔ブレーキ装置〕ＥＬ14Ａ形空気ブレーキおよび手ブレーキ
形式　密封形液冷式	
定格容量　直流　750V	〔灯装置〕電源電圧　直流　24V

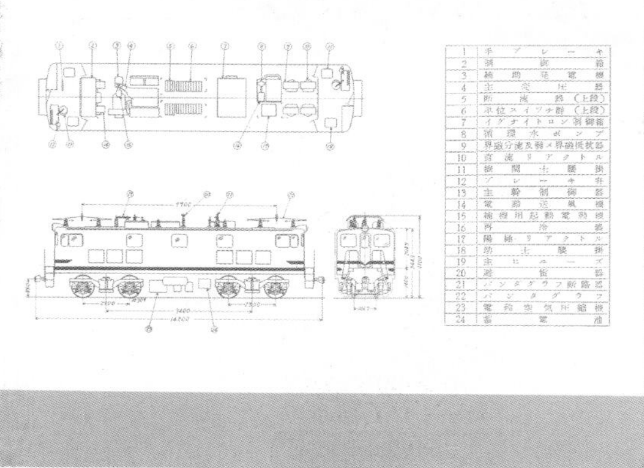

1	手ブレーキ
2	制御箱
3	補助発電機
4	主変圧器
5	断流器(上段)
6	単位スイッチ箱(上段)
7	イグナイトロン制御器
8	循環水ポンプ
9	界磁分流器及界磁抵抗器
10	直流リアクトル
11	機関士腰掛
12	ブレーキ弁
13	主幹制御器
14	電動送風機
15	補助用起動電動機
16	再冷器
17	陽極リアクトル
18	助士腰掛
19	主ヒューズ
20	避雷器
21	パンタグラフ開放器
22	パンタグラフ
23	電動空気圧縮機
24	蓄電池

このため国鉄では、直流電気機関車の抵抗制御に相当する変圧器の低圧タップ制御と、交流で駆動する交流整流子電動機を組み合わせた直接式に加え、低圧タップ制御と水冷式イグナイトロン水銀整流器を組み合わせた間接(整流器)式と、2種類の試作車が製造されることとなった。この試作車が1955(昭和30)年に登場したもので、日立製の直接式ED44(→ED90)形と、三菱製の整流器式ED45(→ED91)形である。

実験線として仙山線が選ばれ、1954(昭和29)年に陸前落合～熊ケ根間を試験線として日本国内初の交流電化。地上設備の試験などを行い、翌年には北仙台～作並間に拡大した。

試作車で制御方式を模索

直接式で採用される交流整流子電動機は、直流直巻電動機とほぼ同じ構造をしており、使用する交流電気の周波数が高くなればなるほど、回転する電機子に交番電流として電力を供給するための整流子部分で整流作用が不完全になりアークが発生しやすく、主電動機のメンテナンスに非常に手間が掛かることが問題になった。

対する整流器式は直流直巻電動機を使用し、低圧タップ制御で電圧を段階的に変化させ、さらに水銀整流器の格子位相制御により連続的に変化させることが可能となる。これにより起動時に大きな引張力を得ることが可能で、主電動機にかける電圧を連続的に制御することから、段階的電圧変化による主電動機のトルク変化が少ないため空転が発生しにくく、空転が発生しても主電動機が並列接続になっていることや、格子位相制御により主電動機端子電圧が大きく変動しないことから、比較的速やかに空転が終息する再粘着特性が良いことも明らかになった。ED45形1号機は25‰の勾配上における牽き出し試験でも好成績を収め、この試験の結果、国鉄は整流器式を採用することになった。ちなみにED45形1号機は、後に試験のため国内初のシリコン整流器搭載機となっている。

低圧タップ制御と水冷式イグナイトロン水銀整流器の組み合わせによる整流器式の交流電気機関車がED45形(→ED91形)1号機だが、冷却水管理が難しかったため、それを空冷式イグナイトロン水銀整流器としたED45形(→ED91)11号機(東芝製)を1956(昭和31)年12月に試作。さらに出力増大を図るため高圧タップ制御と、空冷式イグナイトロン水銀整流器の組み合わせとしたED45形(→ED91形)21号機(日立製)も翌57年2月に試作された。

交流電気機関車の試験開始と共に、直流～交流電化区間を直通可能な電車の試験車も1958(昭和33)年に試作された。これは伊那電気鉄道買収車を改造したクハ5900形と、国鉄のクモハ73形を連結した2両編成で、2編成が改造によって登場した。クハ5900形の室内には水銀整流器を搭載。得られた直流電気を抵抗制御のクモハ73形へ送電して走行するという至極単純な制御方式である。1959(昭和34)年の形式称号改正でそれぞれクモヤ490形とクヤ490形に形式変更され、翌年には水銀整流器を床下搭載のシリコン整流器に交換して旅客車となり、仙山線の臨時列車などに使用された。

留置線に停まるクハ490-11＋クモハ490-11＋クモハ490-1＋クハ490-1。元クヤ490形・クモヤ490形だが、営業使用することになり改称された。パンタグラフのある車両がクハ、ない車両がクモハになる。仙台　1964年8月13日　写真／辻阪昭浩

交流電気機関車量産車の登場

世界初の60Hz交流電気機関車ED70形が北陸本線に登場

交流電気機関車は粘着特性が良いことから「4軸

駆動の交流電気機関車の牽引力は、6軸駆動の直流電気機関車(旧型)に匹敵する」といわれた。このことから直流電化が予定されていた北陸本線の木ノ本〜敦賀間を急遽交流電化に変更。ED45形1号機を基礎とした低圧タップ制御・水冷式イグナイトロン水銀整流器のED70形が1957(昭和32)年6月に製造された。ED45形1号機が試作されてからわずか10カ月ほどのことであった。

北陸本線の同区間は商用周波数が60Hzの地域であったため、ED70形は世界初の60Hz商用電力による交流電気機関車となった。なお同区間では客車の暖房をそれまでの蒸気から、ED70形の変圧器から取り出した電気によって行うこととなり、客車には電気暖房(コラム4参照)装置が新たに設置され、機関車側にも客車に電源を供給するためのジャンパ連結器が装備されている。

東北本線にはED71形を投入 制御方式を比較検討

東北本線の黒磯以北電化に際し、仙山線での交流電化の試験結果と、北陸本線での実績を踏まえ、東北地方は交流電化されることが決定された。東北本線は北陸本線と比較して列車単位が大きいことから、より大きい出力の交流電気機関車が要求され、日立製のED45形21号機の制御方式を基本とした高圧タップ制御のED71形が開発された。

すでに三菱製のED70形が北陸本線で運用実績があったことと、仙山線で東芝製のED45形11号機の運用実績もあったことから、性能比較を行うため3社がそれぞれ試作車を製造することに決定。1959(昭和34)年に1〜3号機の3両が試作された。

1号機が日立製で空冷式エキサイトロン水銀整

COLUMN 4

電気暖房

客車の暖房方式

従来、客車の暖房は基本的に蒸気機関車の蒸気を客車に引き込んで行っていた。旅客列車用の直流電気機関車では蒸気発生装置を搭載し、わざわざ燃料と水を搭載して蒸気を作るか、冬期間は暖房車を連結して客車の暖房を行っていた。

交流電気機関車では苦心惨憺(さんたん)して軽量化したので、蒸気発生装置を搭載する余裕がない。しかし、電源は主変圧器から簡単に取り出せるので、客車側に電気暖房設備を取り付けて暖房を行うことにした。電気暖房設備を備えた客車は2000番代として区別した(一部は重量増により形式変更)。

主変圧器には主回路用の2次巻線(架線電源側を1次巻線という)とは別に、電気暖房用の4次巻線を設け、ここで単相交流1,500Vを作って客車へ送電する。そのためのジャンパ連結器はKE3で、機関車に向かって左側のスカートから直接ケーブルが出ている。

地上作業員に示す車側表示灯

このジャンパ連結器には交流1,500Vが通電するので、間違った操作をすると非常に危険である。そこで機関車側面には電気暖房用車側表示灯が設けられた。通電中は消灯し、暖房主回路の遮断器が開放(OFF)されている時は点灯して、「ジャンパ連結器を扱っても大丈夫」ということを地上作業員に知らせている。OFFの時に点灯するのは、球切れの際に通電中かどうか分からなくなってしまうからである。

また、KE3ジャンパ連結器には直流100Vの補助回路が内蔵されている。加圧中に誤ってジャンパ連結器を抜こうとすると、先に補助回路の接点が離れ、同時に暖房主回路の遮断器が解放される安全装置が組み込まれている。

この電気暖房用電源は後に12系客車が普通列車に転用された際や、青函トンネル区間に投入された50系5000番代の冷暖房電源にも使用された。50系客車は当初から冷房化を考慮した設計となっていたので、この方法を利用すれば地方電化路線の冷房化率もアップしたと思うが、結局、東北地方の50系は非電化区間への運用もあったことから、冷房化されることはなかった。

ED75形777号機の電気暖房用車側表示灯。

流器と油入式タップ切換器、2号機が東芝製で空冷式イグナイトロン水銀整流器と気中式タップ切換器、3号機が三菱製で水冷式イグナイトロン水銀整流器と油入タップ切換器の組み合わせで、それぞれ製造メーカーごとに仕様が若干が異なっていた。

試作車における試験の結果、1号機のエキサイトロン水銀整流器の試用成績が良かったため、これを量産車に採用した。さらに量産車から水銀整流器による定電圧制御方式（AVR）を付加採用し、より空転を抑制する制御とした。当初は架線に発生する高いサージ電圧や、油入式タップ切換器にトラブルが発生したものの、改良後は安定した性能を発揮した。後期型では制御方式は同じだが、駆動装置が問題の多かったクイル式から半吊掛式に変更されている（コラム5参照）。

東北本線で客車列車を牽引するED71形。写真の14号機はクイル駆動の初期型。前面貫通扉が外開き式になり無骨になったが、実用性は高まった。1965年5月29日　写真／辻阪昭浩

エキサイトロン水銀整流器は比較的故障が少なかったといわれたが、老朽化した際の修繕に手間がかかった。しかし、技術の進捗は目覚ましく、故障率が圧倒的に低い半導体（コラム6参照）のシリコン整流器が実用化されたことから、1969（昭和44）年からシリコン整流器への交換が一部において施工され、同時に前期型は駆動装置をリンク式に改造したものもあった。

ちなみに、外開き式の前面貫通扉は東芝の提案によるものだそうで、内開き式で雨水の滲入や隙間風に悩まされていたED70形の内開き式に代わって、国鉄電気機関車の標準スタイルとなった。

ED70形のパンフレット。終戦からわずか12年。「世界で始めての60サイクル交流電化」の文字が誇らしい。所蔵／小寺幹久

世界で始めての60サイクル交流電化

ED70形水銀整流器式交流電気機関車

交流電化は直流電化に比べて変電所の数も少く、架空電車線設備も安くなり、全体としてたいへん経済的になります。

そこで国鉄では、昭和30年から宮城県の仙山線において、世界でも例の少い交流電化の試験をおこなってきましたが、その結果は極めてよい成績でありましたので、北陸本線の田村・敦賀間を単相60サイクル交流電化にし、この機関車を18両製作しました。32年10月1日電化完成とともに、旅客列車も貨物列車もすべてこの機関車でけん引しています。直流機関車と同じような直流電動機4個をそなえていますが、馬力や性能は6個の電動機をもったEF15形やEF58形の直流機関車にも決しておとりません。

おもな特徴

水銀整流器　直流直巻電動機で機関車を走らせるので、架線から受けた単相交流を直流に変える（これを整流という）必要があります。ED70形では、イグナイトロンとよぶ（液冷単極密封形）水銀整流器を使用しています。

速度の制御　直流機関車は、起動抵抗器を使って電動機に加わる電圧を低い方から高い方に順次変化させて起動しますが、交流機関車では主変圧器のコイルから種々の電圧が取り出せるように多数のタップ（口出線）を設けておき、これをつなぎかえて速度を制御すればよいようになっています。抵抗器が過熱するという心配がないのでどのノッチでも連続運転ができますし、また架線電圧が下っても変圧器で調節するので、いつでも全出力を出すことができます。

粘着性能　電動機が始めから4個とも並列に接続されること、起動抵抗器がないことなどの理由で、急な坂で重い貨物列車を引き上げるさいに、車輪がスリップしにくく、どんどん加速ができる性能をもっています。

高圧機器　2万ボルトの高い電圧がかかる装置は、すべて車体屋根上に設けてあるので、車体内の装置には1,000ボルト以下の電圧しかかからず、かえって直流機関車より低いわけです。したがって乗務員は安心して運転することができます。

主電動機、動力伝達装置　電動機はいままでの機関車のように車軸にその一端をつり掛けるような方法をとらず、全重量を台車のワクにのせる新しい方式（台車装架）に変えてあります。したがって台車バネの上にのることになるので、レールに対する衝撃も少くなり、電動機自体にもよいわけです。また動力伝達装置はクイル式（中空軸式）を使っています。

性能および参考事項

運転整備重量	62トン	イグナイトロン整流器（8本）	
車体形式	箱形両運転室、デッキなし	方式	密封形液冷式
台車形式	揺レマクラ式2軸ボギー	主電動機（4台）	
性能		方式	直流直巻補極付台車装架
電気方式	単相交流60サイクル、2万ボルト	動力伝達装置	1段歯車減速、クイル式（歯数比 16:91＝1:5.69）
1時間定格出力	1600 キロワット（2200 馬力）	補助回転機用電動機	3相誘導電動機
最高運転速度	毎時90キロメートル	製造初年	昭和32年
主変圧器（1台）		製造所	三菱電機、新三菱重工
方式	外鉄形、送油風冷式		
定格容量	連続励磁1時間定格 2840 キロボルトアンペア		

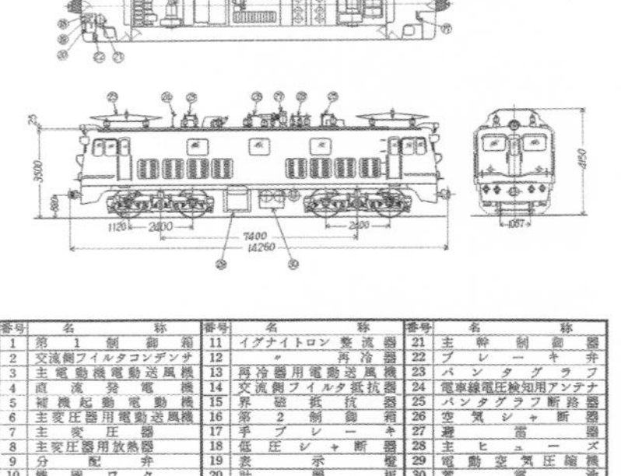

番号	名称	番号	名称	番号	名称
1	第1制御箱	11	イグナイトロン整流器	21	主幹制御器
2	交流側フィルタコンデンサ	12	〃 再冷器	22	ブレーキ弁
3	主電動機電動送風機	13	再冷器用電動送風機	23	パンタグラフ
4	直流発電機	14	交流側フィルタ抵抗器	24	電車線電圧検知用アンテナ
5	補機起動電動機	15	界磁抵抗器	25	パンタグラフ断路器
6	主変圧器用電動送風機	16	第2制御箱	26	空気シャ断器
7	主変圧器	17	手ブレーキ	27	避雷器
8	主変圧器用放熱器	18	低圧シャ断器	28	主ヒューズ
9	分配弁	19	表示盤	29	電動空気圧縮機
10	機器ワク	20	計器板	30	蓄電池

COLUMN 5

クイル式駆動装置

新開発の駆動方式

交流電気機関車の登場と共に駆動装置にも新方式が導入され、走行中に車軸からの衝撃が伝わらないように、吊掛式駆動装置に代わって主電動機を台車装架としたクイル式駆動装置を開発。交流電気機関車のみならずED60形、EF60形(1次車)などにも採用された。クイル式は旧型電気機関車で使用されていた主電動機に比べ、大きな歯数比を採用でき、高速回転で小型の主電動機を使用できた。

吊掛式の構造と特徴

吊掛式駆動装置では主電動機の電機子軸にある小歯車と、車軸に取り付けられた大歯車との距離を正確に保つため、主電動機の一方を車軸に載せ掛け、ノーズと呼ばれるもう一方は台車枠にバネを介して、車軸の偏倚(へんい)に対応する構造となっている。台車から主電動機を吊って(実際には主電動機のノーズが台車枠に載っている)、車軸に載せ掛けているように見えることから「吊掛式」と呼ばれる。

構造が単純なため、大出力の主電動機を使用できる利点がある。欠点としては主電動機が車軸に載っており、主電動機重量のおよそ半分が車軸に加わるため、バネ下重量が大きく、走行中の線路に対して悪影響があるほか、逆に振動が直接主電動機に加わるため、騒音や振動などが車体に伝わりやすいことがある。また車軸との接触部分にはサスメタルという軸受部分が必要で、歯数比を大きく取れないことから大型で低速回転型の電動機を使用する必要がある。

クイル式の構造と特徴

クイル式駆動装置は、主電動機と大歯車を完全に台車装架としていることが大きな特徴である。大歯車は台車装架のクイルと呼ばれる中空軸に装架され、クイルの中を車軸が通っている。大歯車から車軸への動力伝達は、大歯車側の車輪の内側に「スパイダ」という、文字通り蜘蛛の足のような部品が取り付けられていて、その先端部分が大歯車に開けられた穴に入り込み、スパイダ緩衝バネを介して動力を伝達するようになっている。

なお、「クイル(Quill)」とは鳥の翼や尾の大羽、またはヤマアラシの針(いずれも中空になっている)などを意味する英語である。

しかし、実際に使用実績を積み重ねてくると、クイル部分から塵埃(じんあい)が歯車箱に侵入し、歯車の異常摩耗が進行することとなった。この異常摩耗が歯車の噛み合い数と相まって、電機子軸のねじり固有振動と共振を起こし、約25～50km/h付近で異常振動と微少空転を発生させ、主電動機をはじめ、駆動装置や輪軸などに損傷が発生するようになった。

振動を抑えた半吊掛式

このことによりED71形の後期型では「半吊掛式」と呼ばれる駆動装置が採用された。これはコロ軸受けを介して中空軸を車軸に取り付け、その中空軸にニードル軸受を介してトーションバーを取り付け、このトーションバーは防振ゴムを介して主電動機の一端を載せてある。さらに中空軸上部と主電動機は板バネで結合されており、小歯車と大歯車の距離と、主電動機と車軸の平行を確保し、同時に共振周波数を通常走行速度より高いものとした。

また、クイル式のED71形前期型はリンク式に改造することによって不具合を解消した。JR貨物発足後のEF200形でも主電動機台車装架型のリンク式を採用したが、その後の機関車では構造が単純で安価な吊掛式に戻ってしまったのは、時代を繰り返しているようだ。

「アトム機関車」と呼ばれ、直流電気機関車で最初にクイル式駆動装置を採用したED60形直流電気機関車。牽引定数が比較的小さい路線で使用されたので、最後までクイル式のままだった。美章園　1963年2月24日　写真／辻阪昭浩

並行して試作された低コストの交流電車

ED71形と同じ1959(昭和34)年には、制御方式がもっとも単純でユニークな交流試験電車が2両改造により試作された。いずれも旧型国電のクモハ11形を改造したもので、誘導電動機を床下に設置。動力伝達方式は、徹底的に製造コストを削減するため、一つは液体継手と電磁歯車変速機、減速機を組み合わせたもの、もう一つは液体式気動車と同じく、液体変速機と逆転機を組み合わせたものの2種類が試作された。

双方とも当時の気動車と同じく第3軸のみを駆動する。形式はクモヤ790形で、前者を電磁式簡易電車。後者を液圧式簡易電車と呼んだ。誘導電動機は周波数によって回転数が決定するため、架線電圧が低下しても速度低下が少なく、上り勾配でも下り勾配でもほぼ一定速度で走行できるという利点があると考えられた。しかし、北仙台〜作並間での試験結果は芳しくなく、1966(昭和41)年には廃車となった。

同じく1959年には交流近郊形電車として、低圧タップ制御を採用した直接式のクモヤ791形が試作された。旅客輸送量の少ない交流電化区間での短編成列車用のため、整流器式に比べて車両新製価格の低減を狙った試作車だ。

翌60年にはクモハ51形を改造した直接式交直流電車のクモヤ492・493形も試作された。こちらはやや特殊な整流子電動機を使用し、交流区間では2段の低圧タップ制御と抵抗制御、界磁制御を組み合わせたような制御方式だった。しかし、シリコン整流器など半導体が安価に製造できるようになり、整流器式が主流になったことで、これが直接式最後の交流電気車となった。

COLUMN 6

半導体素子

シリコン整流器

水銀整流器に取って代わったシリコン整流器は、高純度に生成されたシリコン(ケイ素)に、不純物としてホウ素などを混ぜたP型半導体と、リンなどを混ぜたN型半導体とを接合したダイオードで、P→Nにしか電流が流れないことを利用して整流作用を行うものだ。水銀整流器のような複雑な機構がないため、故障率が圧倒的に少ないが、耐圧が低いためにダイオードを直列に接続して使用したり、サージ電圧と呼ばれる急激な電圧変化に弱いという欠点もある。

サイリスタ

P型半導体とN型半導体とをPNP、またはNPN接合としたものがトランジスタで、さらにPNPN接合としたものがサイリスタである。サイリスタの場合、先端のP(アノード=A)に+電源、末端のN(カソード=K)に−電源を接続しても電流は流れないが、中間のP(ゲート=G)に+電源を印可するとアノードからカソードへ電流が流れる。一旦流れた電流はゲートを無加圧にしても流れ続けるが、交流電源の場合は電源電圧が0になる瞬間があるので再び不導通となる。この性質を利用したものが、交流電気車のサイリスタ位相制御である。動作原理はちょっと難しいので、興味のある方は各自調べていただきたい。

なお、サイリスタは当初「SCR」と呼ばれていたが、これはゼネラル・エレクトリック社の登録商標で、後に、これより以前に存在した電力制御用の真空管の名称であった「サイラトロン」と同じような動作をするトランジスタということで、それを合わせた「サイリスタ」という名称となった。

半導体のその後

その後、サイリスタを利用した直流電車用のチョッパ制御などが開発され、さらにVVVFインバータ制御が実用化されると、逆導通サイリスタ、GTOサイリスタが開発されるなど、電気車の制御には大きな役割を果たしている。

近年では高周波数が制御できるIGBT(絶縁ゲートバイポーラトランジスタ)が電気車制御用に用いられ、シリコンカーバイトを材料に使ったトランジスタも実用化されるなど、半導体素子構造や材料の進化などによって大きく進歩している。

短期間で進化する制御方式

九州用交流電気機関車ED72・73形が登場

東芝製のED71形2号機に採用された空冷式イグナイトロン水銀整流器の使用成績も良かったことから、気中高圧タップ切換器と組み合わせ(回路模式図1)、鹿児島本線門司港～久留米電化用として、1961(昭和36)年にED72形試作車が登場した。

九州島内の電化区間では勾配区間は存在しないため、ED71形のAVRのような制御は持たなかったが、台車には軸重移動を少なくするための逆ハリンク機構を採用した。また、九州島内は本州から直通する客車列車が多いため、旅客列車用に暖房用蒸気発生装置(SG)を搭載し、電気暖房は採用されていない。

翌62年には駆動装置を吊掛式に改め、主電動機をEF70形(後述)で初採用した標準型のMT52を採用した量産車と、SGを搭載しない貨物列車用のED73形が登場した。1970(昭和45)年から、故障の多いイグナイトロン水銀整流器をシリコン整流器化する改造が、大半のものに対して施工された。

九州に投入されたED72形は、SGを搭載するため中間台車を持つ大型車体となった。写真は試作の2号機で、量産車と外観が異なる。
門司　1964年3月　写真／辻阪昭浩

ED73形は貨物用として登場したが、SGを必要としない電磁自動空気ブレーキ改造後は、20系客車などの寝台特急も牽引した。1964年
写真／辻阪昭浩

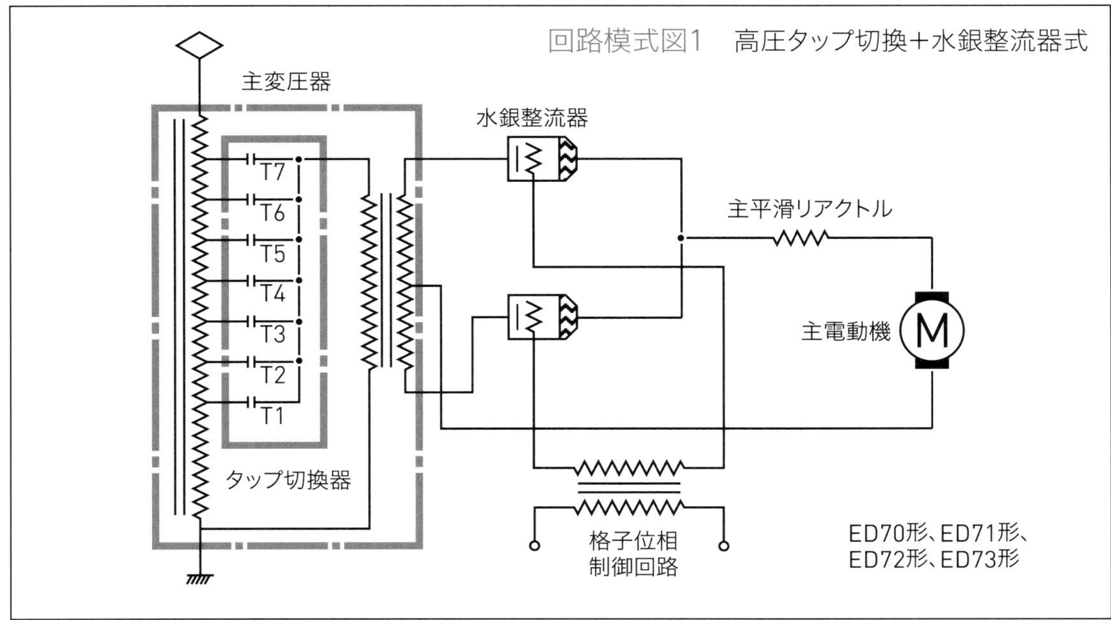

ジャックマンリンクを初めて採用したED74形。デザイン的には、同時期に製造されたEF80形の4軸機という雰囲気。敦賀　1963年
写真／辻阪昭浩

交流電気機関車で初めてF級となったEF70形。後期型では前部標識灯がシールドビーム2灯になり、EF65形のような前面になった。
写真／PIXTA

格子位相制御による連続電圧制御は使えなくなるが、軸重移動が少ない台車構造もあり、性能的には格子位相制御を使用せずとも十分だったため、シリコン整流器に換装しても大きな問題はなかった。

半導体整流器を採用 EF70形・ED74形

1960（昭和35）年に常磐線交流電化用に交直両用電車の401系先行試作車が製造された時、電車では搭載スペースの問題から整流器には半導体のシリコン整流器が採用された。同時期に関門海峡用交直両用電気機関車として開発されたEF30形の試作車でもシリコン整流器を採用。さらに常磐線用のEF80形にも採用され、大幅な重量増が避けられない交直流電気車において、半導体により画期的ともいえる軽量化を実現した。

早速、交流電気機関車にもシリコン整流器を採用。高圧タップ制御との組み合わせ（回路模式図2）で、北陸本線北陸トンネル開業用に、1961（昭和36）年にEF70形、翌62年にはED74形が製造され

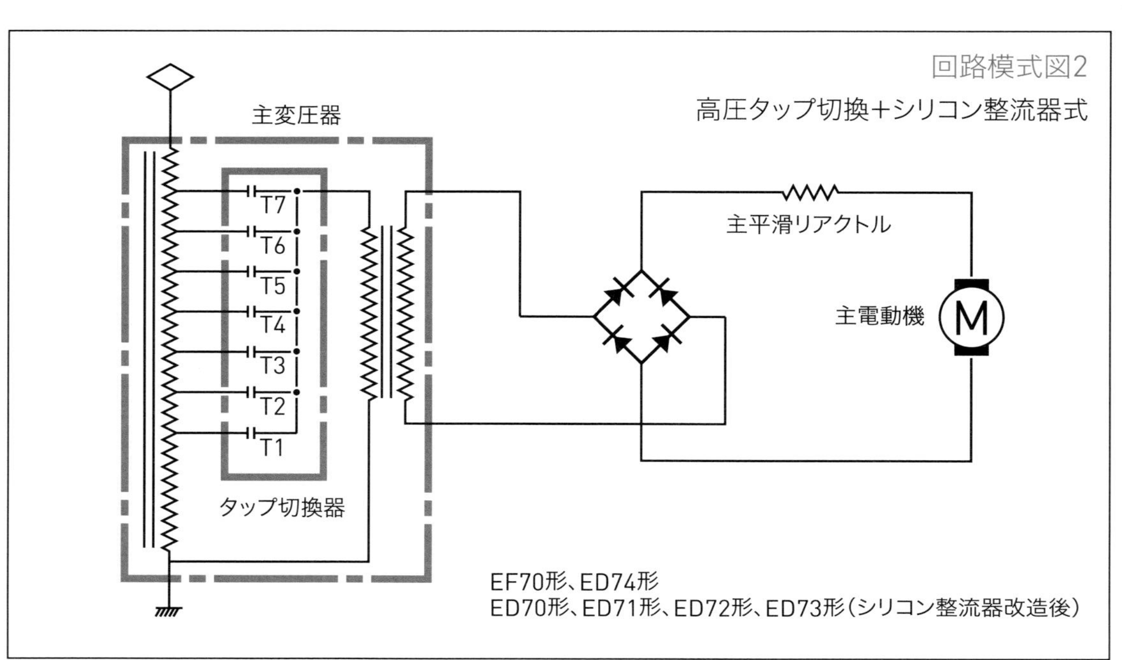

た。

EF70形は電気機関車の標準主電動機として開発されたMT52を初めて採用。さらに大容量のシリコン整流器を初めて本格採用した交流電気機関車となった。原設計は北陸本線に最初に投入されたED70形と同じく三菱で、三菱製が36両、日立製が45両でタップ切換器はそれぞれのメーカー独自のものを使用していた。

北陸トンネルは当時国内では最長となる13,870mで、敦賀〜今庄間に北陸トンネル出口付近を頂点とする11.5〜12‰の勾配が存在する。このこととシリコン整流器は水銀整流器のような位相制御による電圧の連続制御ができないことから、トンネル内の湿潤した環境を考慮して交流電気機関車として初の6軸駆動が採用された。6軸駆動としたことで牽引力には余裕があり、特段の再粘着制御もなく、台車も心皿位置をレール面から300mmと低い位置に設定することで、軸重移動を少なくする設計として新製価格の上昇を抑制した。

1962(昭和37)年に登場したED74形は、トンネル区間以外で運用する目的で製造されたもので、EF70形と同じく高圧タップ制御を採用している。4軸駆動機でシリコン整流器式であり、位相制御は使えないため、タップ間中間電圧を利用してノッチ進段時の電圧(トルク)変化を少なくする制御としている。また、台車には後に交流電気機関車の標準台車となるジャックマンリンクを備え、軸重移動の少ないDT129を初めて採用したことでも特筆される。

完成の域に達した交流電気機関車

交流電気機関車の決定版 ED75形・ED76形

急速な進歩を遂げてきた交流電気車の制御方式だが、これまでの交流電気機関車は試作的要素も強く、標準となる制御方式を確立するため、従来からの高圧タップ制御を捨て、磁気増幅器と低圧タップ制御(回路模式図3)を採用したのが本書の主人公であるED75形だ。それまで蓄積された技術の集大成といえる交流電気機関車である。

交流電気機関車の標準型となったED75形。完成形ともいえるが、将来の技術進歩に対応できるような設計としている。藤田〜貝田間 2004年6月21日 写真／高橋政士

1963(昭和38)年に試作車的な1・2号機が登場した。1955(昭和30)年に試作のED44形とED45形が登場して以来、わずか8年ほどの間に交流電気車の制御方式は急速な進歩を遂げた。

磁気増幅器(図1)は変圧器のように鉄心に巻線を巻いたもので、別に制御巻線があり、それによって主回路の電圧制御を行う(46ページコラム)もので、磁気増幅器を採用することで、本来なら大電流を遮断する必要のある低圧タップ切換器で、無電流でアークを発生することなく切り換えが可能となった。

この方式では空転が発生しても主電動機端子電圧が急変せず、さらに台車はED74形から採用されたDT129を継続採用したことから、同じ制御方式を採用したED76形0番代と共に、空転が大変少なく、良い交流電気機関車ができあがった。

図1

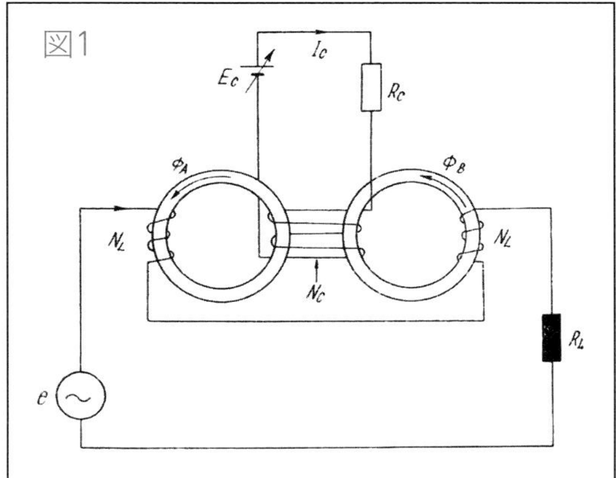

2つの鉄心に巻線が巻かれている磁気増幅器の概念図。上側が制御巻線の直流回路で、下側が電源と負荷が接続されている交流回路。直列接続の交流巻線に対して、制御巻線は互いの鉄心に逆向きになるように巻かれている。出典／『日立評論』1954年8月

回路模式図3　低圧タップ切換方式＋磁気増幅器＋シリコン整流器式

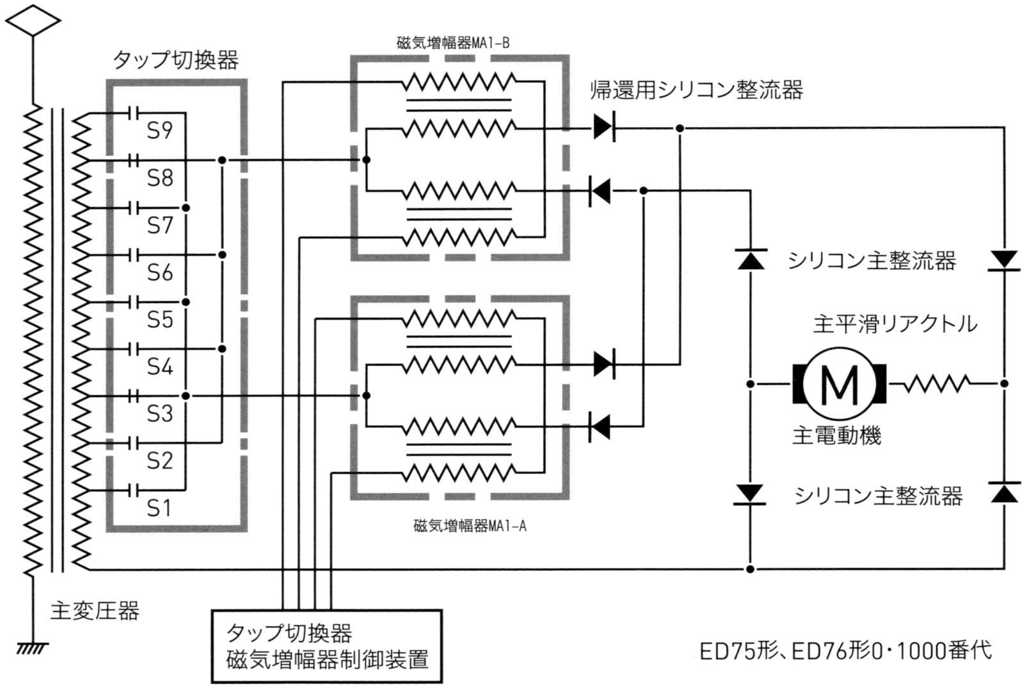

回路模式図4　低圧タップ切換方式＋逆並列サイリスタ位相制御＋シリコン整流器式

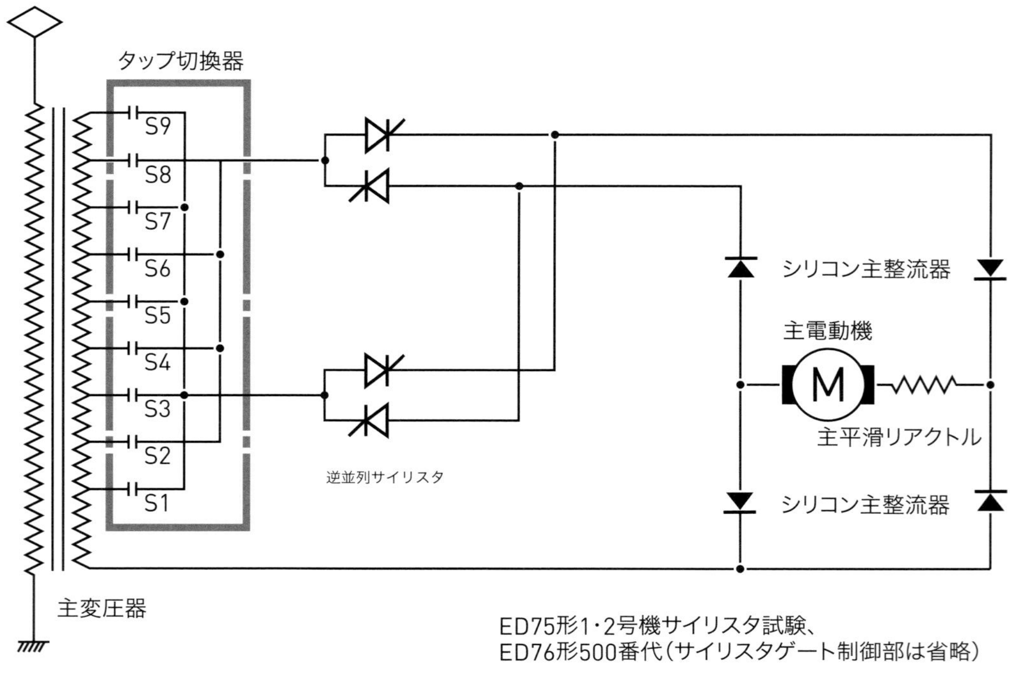

半導体制御の実用化を達成 ED77形・ED76形500番代

決定版となったED75形の低圧タップ制御と磁気増幅器の組み合わせだが、技術の進歩はさらにサイリスタを利用した半導体による制御へと進歩する。すでにED75形試作車が完成した1963（昭和38）年頃にはサイリスタの技術が発展しており、ED75形量産車の登場後、ED75形1・2号機で1964（昭和39）年11月から、磁気増幅器をサイリスタ位相制御器（回路模式図4）に置き換えて試験が行われた。

この試験結果を元に、主回路からタップ制御器を廃し、無接点化した制御回路を持つ試作交流電気機関車のED93形（→ED77形901号機）が、1965（昭和40）年11月から仙山線で試験運転を開始した。ED93形は国内において最初の全サイリスタ制御の電気機関車となった。

これは低圧タップ切換器と磁気増幅器の部分を逆並列接続したサイリスタに置き換えたもので、これを4組直列接続として1段目から4段目にかけて順々に制御して、主電動機端子電圧を連続的に変化させるようにしている。サイリスタの接続方式から、後に登場した制御方式と区別するため「逆並列サイリスタ位相制御」と呼ばれる（回路模式図5）。

このED93形の試験結果を元に、函館本線小樽～旭川交流電化用の試作車として1966（昭和41）年にED75形501号機が製造された。また、亜幹線用として中間付随台車を設け、動輪軸重を可変式としたED77形が、1967（昭和42）年に磐越西線に投入された。同じ67年には北海道向けの711系試作車もほぼ同じ制御方式で製造されている。

このように主回路が無接点化されたのは画期的なことであったが、サイリスタ位相制御ではその特性上「高調波」と呼ばれる電源周波数に対して整数倍のノイズが発生し、それが周囲のラジオやテレビ、鉄道の信号・通信設備などにも誘導障害を及ぼしてしまうことがある。この時代ではまだ高調波を抑制する技術が開発途上であったため、大きな電力を制御する電気機関車では高調波による障害を克服することが困難であった。

このため1968（昭和43）年から小樽～旭川交流電化用に投入された、SG付きのED76形500番代の制御方式は、ED75形1・2号機で長期試験された、低圧タップ切換器とサイリスタ位相制御を組み合わせた、低圧タップサイリスタ位相制御無電弧切換方式となった。

回路模式図5
逆並列サイリスタ位相制御

ED93形、
ED75形500番代、711系試作車、
ED77形（サイリスタゲート制御部は省略）

磁気増幅器に代えてサイリスタ位相制御器を全面採用したED77形。主回路を無接点化した画期的な電気機関車だったが、投入線区が限られ大きく発展することはなかった。1985年　写真／高橋政士

サイリスタブリッジ位相制御を採用し、国鉄の交流電気機関車としては最大となったEF71形。1990年8月　写真／千葉恵一

711系電車では混合ブリッジ位相制御を採用。交流電気機関車で開発された技術を元に、交流電車に軸足を移した。上幌向～岩見沢間 1985年1月31日　写真／高橋政士

半導体で進化を続ける交流制御

交流電力回生ブレーキの実現 勾配用ED78形・EF71形

ED77形が投入された1967(昭和42)年には交流電力回生ブレーキを可能としたED94形(→ED78形901号機)が試作されている。ED94形は整流器でブリッジ接続されるダイオードをすべてサイリスタに置き換えた「主整流制御器」としたもので、力行時は位相制御による主電動機制御を行い、抑速ブレーキ時には主整流制御器をインバータ運転することにより電力回生ブレーキを実現した。接続方法から「サイリスタブリッジ位相制御方式」と呼ばれる(回路模式図6)。

直流電化の場合は、同一セクション内に回生負荷となる車両(列車)が存在しないと電力回生ブレーキに失敗(回生失効)することがあるが、交流電化の場合、変電所を通して一般電力線へ送り返すことが可能である。直流電化区間では変電所がインバータ運転可能でなければ、EF64形のように大容量の主抵抗器を搭載して、抑速ブレーキによって発生した電力を主抵抗器で熱に変換する必要が生じるので、交流電化区間ならではといえる制御方式だ。ただし電力線に送り返される電気は高調波を含んでいるため、それへの対処が必要である。

ED94形の試験結果を元に、1968(昭和43)年に量産型であるED78形と、それを6軸駆動とした補機用のEF71形が福島～米沢間の直流→交流電化転換に際し投入された。

交流電車への半導体制御の応用 711系・200系

ED78形とEF71形が製造された1968(昭和43)年に、全サイリスタ位相制御の新幹線試験電車951形が製造された。電力回生ブレーキは使用しないので、サイリスタブリッジ位相制御で4個あるサイリスタのうち、2アームを整流用のダイオードに置き換えたもので、「サイリスタ混合ブリッジ位相制御方式」とも呼ばれる(回路模式図7)。回路が単純化されて部品点数も減ることから、1968(昭和43)年に投入された711系量産車にもこの制御方式が採用された。

発電ブレーキについては、951形は別にブレーキチョッパ制御用にサイリスタを持っていたが、711系では発電ブレーキは使用しないため、主回路の構成はシンプルになっている。後に東北・上越新幹線の200系電車、北海道用の781系特急形電車にも応用された。

停止用電力回生ブレーキを初めて付けた713系

さらに国鉄では交流電化区間におけるローカル線輸送の合理化を図るため、1M2Tの3両編成を前提とした713系近郊形電車を開発。1983(昭和58)年7月に1M1Tの2両編成として、先行試作車的に900番代が4編成、合計8両を新製した。711系と同じ1M2Tを可能としながら、勾配抑速ブレーキと停止用に電力回生ブレーキを初めて実装した電車である(回路模式図8)。

なお、当初は製造費の低減を狙って発電ブレーキ付きとする検討もあったようだが、ブレーキ抵抗器など搭載機器が多くなるため、1M車の用件を満

たせなくなり、電力回生ブレーキ付きとしたとされている。

ED78形・EF71形でも電力回生ブレーキを実現していたが、抑速ブレーキのみの機能でなおかつ手動扱いであったが、713系ではこれを自動進段とし、電力回生ブレーキ範囲の拡大を図っている。

安定的な電力回生ブレーキを実現するため、交流電気機関車のように主電動機は並列制御ではなく、4個の電機子を直列接続することで電機子電流の不均衡の問題をなくし、界磁は力行・回生ブレーキとも他励制御する独特の制御方法である。全体的な制御方式はED78形・EF71形と同じくサイリスタブリッジ位相制御だが、界磁制御用に主変圧器の巻線を1組増やし、ここに混合ブリッジ方式の制御整流装置を設けたのが大きな特徴である。さらに位相制御を工夫することで、誘導障害をより軽減する制御方法となっている。

交流電化区間の特性を生かした画期的な1M電車であったが、混乱期ともいえる国鉄末期では本格採用には至らず、分割民営化後に713系の投入地域となったJR九州の783系、787系、811系と、JR東日本の719系でこの制御方式が採用された。

国鉄最後の電気機関車集大成となったED79形

交流電力回生ブレーキを実現したED78形・EF71形をもって完成した交流電気機関車だが、国鉄末期、分割民営化後に予定されていた青函トンネル開業に向けた交流電気機関車が必要となった。

本来なら新設計の交流電気機関車の投入となるところだが、当時の国鉄の財政事情ではそれは許されず、貨物列車の削減により余剰となっていたED75形700番代を改造して青函トンネル用の電気機関車とすることになった(回路模式図9)。

青函トンネル区間は約12‰の連続勾配が続くことから、降坂する列車では勾配抑速ブレーキが必要となる。しかし、勾配抑速ブレーキは重連で運用する貨物列車でも本務機だけで事足りるため、本務機のみ電力回生ブレーキによる勾配抑速ブレーキを付加することになった。

このため、制御装置は低圧タップ切換器をそのまま使用しつつ、磁気増幅器を逆並列サイリスタ位

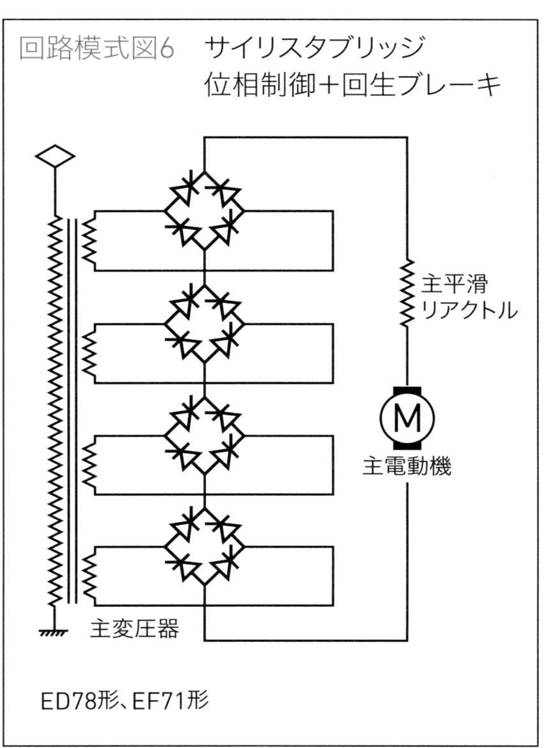

ED78形、EF71形

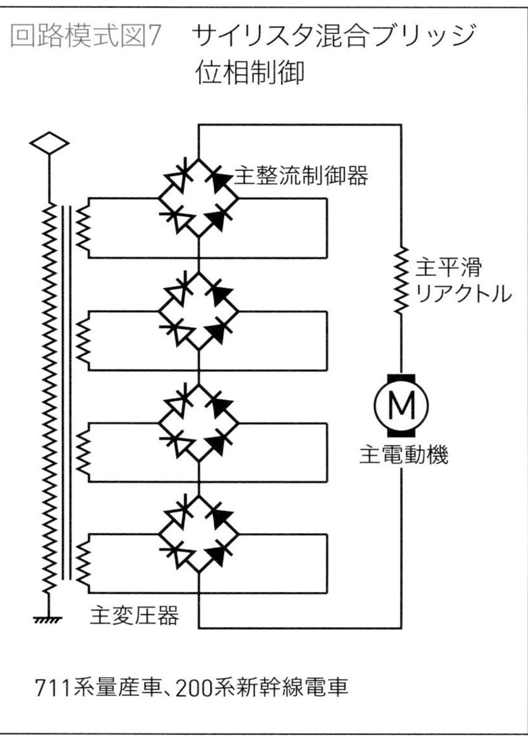

711系量産車、200系新幹線電車

相制御器に置き替え、主整流器を電力回生ブレーキ制御用にサイリスタブリッジ（主整流制御器）に置き換えたものとなった。

力行時はタップ切換器と併用して逆並列サイリスタで位相制御を行い、サイリスタブリッジは整流器として機能する。抑速ブレーキとして回生ブレーキを使用する際には、主電動機の界磁を主変圧器の暖房用電源の巻線から取り、これによって界磁制御を行い、主整流制御器をインバータ運転し、逆並列サイリスタの位相制御と低圧タップ切換器を併用して回生ブレーキを作用させている。

偶然の一致か、国鉄の財政事情が最悪の中で工夫した結果か、ED79形は、ED75形1・2号機で始まったサイリスタ位相制御の試験から、主回路の無接点化を成し遂げたED77形（ED93形）、誘導障害を克服するために低圧タップ制御とサイリスタ位相制御を組み合わせたED76形500番代の方式に、さらに交流電力回生ブレーキを実現したED78形（ED94形）・EF71形のサイリスタブリッジ位相制御を採用するなど、改造機ながら国鉄交流電気機関車の集大成ともいえる制御方式となった。

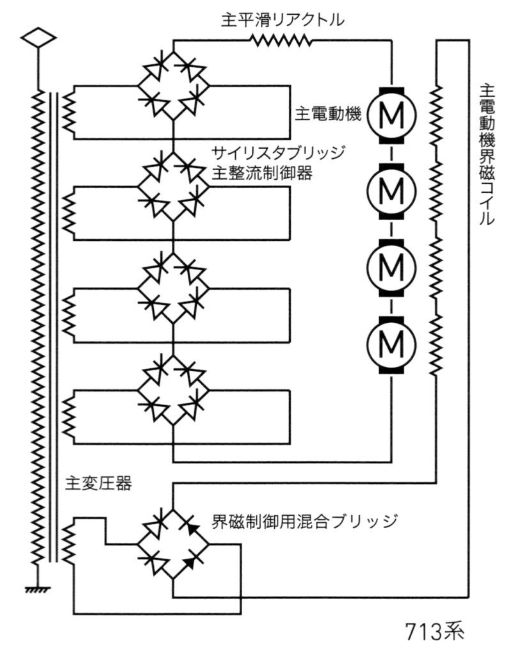

広がる半導体制御

交流電気車から直流電気車へ波及 欠かせなくなったVVVF制御

時系列は前後するが、これらの半導体制御は直流電車にも波及し、1968（昭和43）年には世界初となるサイリスタ電機子チョッパ制御方式を採用した営団地下鉄6000系が登場。翌69年の2次試作車を経て、1970（昭和45）年には量産車が登場。1969（昭和44）年には東急電鉄において他励界磁チョッパ制御を世界で初めて採用した8000系が登場した。

国鉄では財政事情や膨大な通勤需要に対応する必要もあり、103系など抵抗制御車の量産が続くなど、技術的にはやや停滞気味だったが、1970（昭和45）年に界磁チョッパ制御方式を採用した591系交直流特急形電車が試作され、1979（昭和54）年には電機子チョッパ制御方式を採用した201系直流通勤形電車を試作。1981（昭和56）年から量産が開始された。1985（昭和60）年にはコストダウンのため、抵抗制御方式に半導体制御を組み合わせた添加励磁制御方式を開発し、205系に採用された。なお、交直流電気機関車用にチョッパ制御の採用が構想されたが、時期尚早としてEF81形が開発された。

国鉄からJRへ、橋渡しとなる界磁他励サイリスタブリッジ位相制御を採用した713系。当初は900番代だった。1986年3月26日　写真／新井 泰

その後は1986(昭和61)年に、直流1,500V線区において初めてとなるVVVFインバータ制御方式の東急9000系と新京成8800形が登場し、時代は本格的なインバータ制御時代に突入する。国鉄でも青函トンネル用にインバータ制御の台上試験を終了させ、さらに分割民営化直前の1986(昭和61)年11月にVVVFインバータ制御方式の207系直流通勤形電車を登場させた。

国鉄分割民営化後は、JR貨物が1990(平成2)年に狭軌鉄道世界最高出力となる、定格出力6,000kWのEF200形直流電気機関車を試作するなど、1990年代に入ると新設計の電気車はほぼVVVFインバータ制御一色となった。

VVVFインバータ制御方式を採用することで、高出力でありながら抵抗制御方式のような無駄な電力消費を抑制し、粘着特性が大変良い、省エネルギーな電気車が続々と開発されるようになった。

VVVFインバータ制御方式も日々進化を続けている。これらは、交流電気車開発に伴って、メーカーや鉄道会社が、半導体素子に真摯に向き合ってきた結果ともいえるだろう。

100番代と重連で貨物列車を牽引するED79形13号機。0番代のみ制御装置が改造された。背辺地〜蟹田間　2002年10月10日　写真／高橋政士

現在の電気車で主流となっているVVVFインバータ制御は、交流技術の延長線上にある。実用には難があったが、EF200形では6000kWもの出力を実現した。1991年　写真／新井 泰

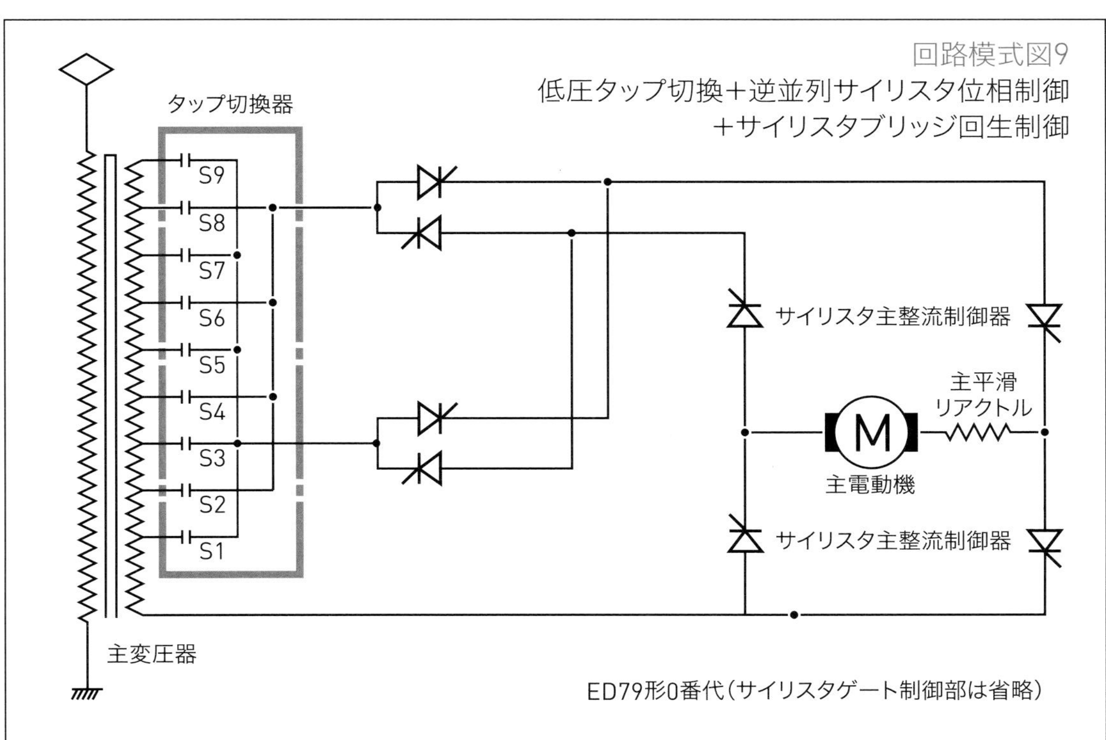

日本国有鉄道の主な交流電気車の制御方式

登場年	形式名	制御方式	備考
1955年	ED44形	直接式	
1955年	ED45形1号機	低圧タップ制御+水冷イグナイトロン水銀整流器	
1955年	ED45形11号機	低圧タップ制御+空冷式イグナイトロン水銀整流器	
1955年	ED45形21号機	高圧タップ制御+空冷エキサイトロン水銀整流器	
1957年	ED70形	低圧タップ制御+水冷イグナイトロン水銀整流器	
1958年	クハ5900形+クモハ73形	空冷イグナイトロン水銀整流器+抵抗制御	改造
1959年	ED71形	高圧タップ制御+空冷エキサイトロン水銀整流器	
1959年	クモヤ790形	単相誘導電動機+電磁歯車、 単相誘導電動機+液体変速機	改造
1959年	クモヤ791形	低圧タップ制御+直接式	改造
1959年	ED46形	交直流／空冷イグナイトロン水銀整流器	
1960年	クモヤ492+493形	低圧タップ+抵抗・界磁制御	改造
1960年	401系	交直流／シリコン整流器+抵抗制御	
1960年	EF30形	交直流／シリコン整流器+抵抗制御	
1961年	ED72形(試作)	低圧タップ制御+空冷イグナイトロン水銀整流器	SG付き
1961年	EF70形	高圧タップ制御+シリコン整流器	MT52主電動機 初採用
1962年	ED72・73形(量産)	低圧タップ制御+空冷イグナイトロン水銀整流器	
1962年	ED74形	高圧タップ制御+シリコン整流器	DT129台車初採用
1962年	東海道新幹線試験車1000形	低圧タップ制御	新幹線
1963年	ED75形(試作)	低圧タップ制御+磁気増幅器	
1964年	東海道新幹線0系	低圧タップ制御	新幹線
1964年	ED75形0番代(量産)	低圧タップ制御+磁気増幅器	
1964年	ED75号機1・2号機	低圧タップ制御+逆並列サイリスタ位相制御	改造・試験
1965年	ED76形0・1000番代	低圧タップ+磁気増幅器	SG付き
1965年	ED93形	逆並列サイリスタ位相制御 +シリコン整流器	初の主回路無接点化
1966年	ED75形500番代		
1967年	ED77形		ED93形量産
1967年	711系(試作)		
1967年	ED94形	サイリスタブリッジ位相制御+回生ブレーキ	
1968年	EF81形	交直流／抵抗制御／3電源対応	
1968年	ED76形500番代	低圧タップ+逆並列サイリスタ位相制御	
1968年	ED78形	サイリスタブリッジ位相制御+回生ブレーキ	ED94形量産
1968年	EF71形		
1968年	951形新幹線試験電車	混合ブリッジ位相制御	新幹線
1968年	711系(量産)	混合ブリッジ位相制御	
1971年	ED75形700番代	低圧タップ制御+磁気増幅器	
1973年	全国新幹線網用試験車961形	混合ブリッジ位相制御	新幹線
1979年	東北・上越新幹線試験車962形	混合ブリッジ位相制御	新幹線
1980年	東北・上越新幹線200系	混合ブリッジ位相制御	新幹線
1983年	713系	サイリスタブリッジ+混合ブリッジ他励界磁制御 +回生ブレーキ	
1986年	ED79形	低圧タップ+サイリスタブリッジ位相制御 +回生ブレーキ	ED75形 700番代改造

第2章

ED75形の概要

日本の交流電化は、1954年の試作車・ED44形から始まった。その後、1957年に北陸本線で実用化し、試験電化から10年に満たない1963年には決定版といえるED75形が登場している。この間は半導体技術の急激な進化とも重なり、また車両技術の向上もあって、小型高性能の交流電気機関車が完成した。

ED75形交流電気機関車のプロフィール

急速に技術が進歩する交流電気車において、標準型とすべく開発されたED75形は、その当時の完成形となった。蓄積されてきた技術に加え、交流方式ならではの特性を活かし、効率のよい電気機関車にまとめられた。

ED75形の最初の投入線区となった常磐線で旧型客車を牽引する76号機。常磐線は、東北本線と共にED75形が客貨両用で主力機関車として活躍した路線だった。76号機は国鉄分割民営化前に廃車となったが、JR貨物により車籍復活した。双葉〜浪江間 1984年5月28日 写真／高橋政士

ED75形の概要

新型交流電気機関車の検討

1954（昭和29）年に仙山線での試験交流電化が始まり、翌年には初めての交流電気機関車であるED44形と、続いてED45形が誕生した。試験結果により交流電化が有効とした国鉄は、直流電化が予定されていた北陸本線米原〜敦賀間を、米原〜田村間を余剰となっていたE10形蒸気機関車で接続することにして、交流電化とすることに決定した。これは後に予定されていた長大トンネルの北陸トンネルの開通を見据えてのものだった。こうしてED70形を開発し、田村〜敦賀間で世界初の60Hz商用周波数による交流電化が完成した。この短期間で新型の交流電気機関車を開発し、開業に漕ぎ

ED75形までの交流電気機関車の主要諸元

			ED70形	ED71形	ED72形	ED73形	EF70形	ED74形	ED75形 0·1000番代
製造初年·仕向地			1957 (昭和32)年 北陸	1959 (昭和34)年 東北	1961 (昭和36)年 九州	1962 (昭和37)年 九州	1961 (昭和36)年 北陸	1962 (昭和37)年 北陸	1963 (昭和38)年 東北
車軸配置			B-B	B-B	B-2-B	B-B	B-B-B	B-B	B-B
運転整備重量			62.00(t)	67.20(t)	87.00(t)	67.20(t)	96.00(t)	67.20(t)	67.20(t)
電気方式			交流20,000(V)／60(Hz)	交流20,000(V)／50(Hz)	交流20,000(V)／60(Hz)	交流20,000(V)／60(Hz)	交流20,000(V)／60(Hz)	交流20,000(V)／60(Hz)	交流20,000(V)／50(Hz)
主要寸法	最大長		14,260(mm)	14,400(mm)	17,400(mm)	14,400(mm)	16,750(mm)	14,300(mm)	14,300(mm)
	最大幅		2,800(mm)	2,800(mm)	2,800(mm)	2,800(mm)	2,800(mm)	2,800(mm)	2,800(mm)
	最大高		4,150(mm)	3,958(mm)	3,914(mm)	3,900(mm)	3,970(mm)	3,970(mm)	4,017(mm)
パンタグラフ形式			PS100	PS100A	PS100A	PS100A	PS100	PS100C	PS101
機関車性能	1時間定格出力		1,500(kW/h)	1,900(kW/h)	1,900(kW/h)	1,900(kW/h)	2,300(kW/h)	1,900(kW/h)	1,900(kW/h)
	1時間定格引張力		144.1(kN)／14,700(kgf)	156.8(kN)／16,000(kgf)	138.2(kN)／14,100(kgf)	138.2(kN)／14,100(kgf)	191.1(kN)／19,500(kgf)	138.2(kN)／14,100(kgf)	138.2(kN)／14,100(kgf)
	1時間定格速度		36.5(km/h)	42.5(km/h)	49.1(km/h)	49.1(km/h)	42(km/h)	49.1(km/h)	49.1(km/h)
最大運転速度			90(km/h)	95(許容95)(km/h)	100(許容100)(km/h)	100(許容100)(km/h)	100(許容105)(km/h)	100(許容100)(km/h)	100(許容100)(km/h)
主電動機	形式		MT100	MT101	MT52	MT52	MT52	MT52	MT52、MT52A
	1時間定格出力		375(kW/h)	510(kW/h)	475(kW/h)	475(kW/h)	395(kW/h)	475(kW/h)	475(kW/h)
ブレーキ装置			EL14A	EL14AS	EL14AS、増圧装置(応速度)	EL14AS、増圧装置(応速度)	EL14AS	EL14AS	EL14AS
台車	両端または主台車	形式	DT104	DT114	DT119A	DT119B	DT120	DT129	DT129A、DT129B
		固定軸距	2,400(mm)	2,500(mm)	2,800(mm)	2,800(mm)	2,800(mm)	2,500(mm)	2,500(mm)
		車輪直径	1,120(mm)	1,120(mm)	1,120(mm)	1,120(mm)	1,120(mm)	1,120(mm)	1,120(mm)
	中間または先台車	形式	−	−	TR100A	−	DT121	−	−
		固定軸距	−	−	1,650(mm)	−	2,800(mm)	−	−
		車輪直径	−	−	860(mm)	−	1,120(mm)	−	−
動力伝達方式			1段歯車減速、クイル式	1段歯車減速、クイル式	1段歯車減速、吊掛式	1段歯車減速、吊掛式	1段歯車減速、吊掛式	1段歯車減速、吊掛式	1段歯車減速、吊掛式
歯数比			16:91=1:5.69	15:82=1:5.47	16:71=1:4.44	16:71=1:4.44	17:70=1:4.12	16:71=1:4.44	16:71=1:4.44
制御方式			低圧タップ制御、水銀整流器格子位相制御、永久並列接続、弱メ界磁	高圧タップ制御、水銀整流器格子位相制御、永久並列接続	高圧タップ制御、水銀整流器格子位相制御、永久並列接続	高圧タップ制御、水銀整流器格子位相制御、永久並列接続	高圧タップ制御、シリコン整流器、永久並列接続、弱メ界磁	高圧タップ制御、シリコン整流器、永久並列接続、弱メ界磁	低圧タップ制御、磁気増幅器タップ間電圧連続制御、シリコン整流器、永久並列接続、弱メ界磁
重連総括制御			重連	重連	非重連	非重連	非重連	非重連	重連
製造所			三菱	日立、三菱電三菱重、東芝	東芝	東芝	日立、三菱電新三菱	三菱電新三菱	三菱電新三菱、日立、東芝
総製造数			19	55	22	22	81	6	302※
備考			諸元は1～18号機。客貨両用、電気暖房、1970(昭和45)年からシリコン整流器に改造	諸元は4～44号機。客貨両用、1970年から一部シリコン整流器化改造、1972年から一部クイル式をリンク式に改造	製造初年は1号機。諸元は3～22号機。客貨両用、1973年シリコン整流器化改造	諸元は1970年シリコン整流器化改造後。貨物用。	諸元は0番代。客貨両用		客貨両用。1000番代のブレーキ装置は応速度増圧装置付※ED75形の製造総数

日立で製造された1号機。車体外板が台枠まで覆う構造が特徴。国鉄時代に引退し、福島駅構内で留置された後、1990年から利府駅構内に留置されていた。2002年から新幹線総合車両センターで保存されたが、2019年12月に解体された。福島　1989年12月　写真／高橋政士

三菱で製造された2号機。2号機は側梁が露出した構造に変更され、3号機以降の量産車もこの構造で製造された。写真は廃車になり、塩釜港駅に留置されているところ。1988年3月　写真／長谷川智紀

着けたのは驚異的ともいえ、当時交流電化事業に携わった技術者の熱意がうかがえる。

さらに矢継ぎ早に東北本線用のED71形、九州用のED72・73形が開発された。これらの交流電気機関車は試作的要素もあり、整流器や主電動機などは製造メーカーによる独自のものを採用していた。当然ながら運用・保守面では一貫性に乏しいものであった。

これは、交流電化や交流電気車の技術が手探り状態で始まり、各メーカー、国鉄ともさまざまな方法を模索していたことや、研究開発が進むことにより、急激ともいえる技術発達期に製造が進んだことと、一刻も早く交流電化を推し進める必要があったという事情もあり、致し方ない点でもあった。

その後、北陸トンネル開業用に備えたEF70形では、将来的に国鉄電気機関車の標準型とすべく開発されたMT52主電動機が新たに採用された。また、半導体技術の急速な進歩によって、故障が少なく軽量なシリコン整流器も実用化された。

このような経緯から、常磐線の交流電化延伸を機に、将来東北一円に広がるであろう交流電化に備えて、交流電気機関車の標準型とすべく、1962（昭和37）年前半からED75形を開発する構想が歩み始めた。前述のように国内で交流電化が始まったのは1954（昭和29）年だが、急速に技術開発が進み交流電気車による多くの技術が蓄積されたため、それまでの使用実績から技術が確立されたものを構成し直し、安定化した性能を発揮することに重点を置くことを基本方針とした。

加えて、実用化されつつあったサイリスタなどの

東北本線で客車列車を牽引するED75形48号機。落成したての頃は、夏期はスノープラウを外し、ATS車上子保護板を取り付けていた。花巻付近
写真／児島眞雄

半導体技術も念頭に、それらの技術発展を阻害する固定化された標準化ではなく、新たな技術も取り込み可能とし、さらなる発展を見込んだ設計として進行することとした。

ED75形の設計方針

ED75形の設計に当たっては、将来に向けた転用や運用範囲の拡大に備え、総重量67.2t（軸重16.8t）、1時間定格出力1,900kW/hとして、主電動機を含めた主回路電気部品は従来からのものを極力採用することとした。主電動機はEF70形で初めて採用され、ED72形量産車、ED73形、ED74形、直流機のEF60形2次車で採用されたMT52（4基）を引き続き採用した。

台車は軸重移動の補償作用と総重量の軽量化を図るため、同じ4軸駆動機のED74形で採用されたDT129をほぼそのまま採用することとした。

整流器はシリコン整流器とするのは当初から決定されていたが、シリコン整流器では水銀整流器のような格子位相制御ができないため、客貨両用機として1,200tの貨物列車を10‰上り勾配上で重連で牽き出し可能、600t（計画時、実際には550t）の旅客列車は10‰上り勾配を単機で95km/hで走行可能とするために、大容量磁気増幅器を採用。新たな方式で連続電圧制御、再粘着特性の向上を図ることとした。

磁気増幅器は交流電機黎明期にあってED71形で重連総括制御に利用が始まるなど、鉄道車両においても制御用に実用化されていたもので、ED75形では主制御用に初めて採用されることになった。

タップ制御は磁気増幅器による無電弧（アーク）タップ切換とすることから、電流遮断能力が必要なく、構造の簡略化と小型化が可能で、絶縁などの管理がしやすく、主変圧器の小型軽量化が可能な低圧タップ切換方式とした。従来の量産交流電気機関車が高圧タップ切換であったため、これは大きな方向転換となった。また、将来的に半導体制御の無接点化に対処できるものとしている。

電源周波数は50Hz対応だが、混乱させない範囲で50/60Hz両用のものとし、比較的容易に60Hz用に転用できるようにした。

車体は既存形式の車体の解析結果や電車の構造を参考に、EF62形のものを基本として、さらに改良を加えた構造とした。

このような設計方針によりED75形の設計と製造が進められ、1963（昭和38）年の年末になって、試作車となる日立製の1号機と、三菱製の2号機が登場した。

ED75形のメカニズム

文・写真 ◉ 高橋政士、林 要介(「旅と鉄道」編集部)
協力 ◉ 東日本旅客鉄道株式会社　東北本部
その他の写真 ◉ 高橋政士(特記以外)

ここからはED75形のメカニズムや構造について取り上げる。試作車といえる1・2号機を中心に解説し、量産車で仕様が変更されたものは各項目の最後に付記している。なお、300・500・700番代で大きく変更された内容については、第3章で解説を行う。

台車

ED74形から継続した仮想心皿方式の台車

ED75形の外観でもっとも目を引くのが台車といってもよいだろう。北陸本線用のED74形で採用されたDT129をほぼそのまま採用しているが、引張装置のピン直径を大きくして強度を増し、この部分にオートグリスタを取り付けて集中給油するように改良されている。またED75形では、前後の台車で引張装置が勝手違いとなっているため、第1台車をDT129A、第2台車をDT129Bとしている。

この台車の最大の特長は、台車で発生した動力(ブレーキ力)を車体に伝達する引張装置にある。ジャックマンリンク(ジャックマン氏式リンクとも呼ぶ)というリンク装置を使い、2つの動軸で発生した動力を、1つの台車で発生したようにし、さらにその作用点をあたかもレール面上にあるようにして、軸重移動をなくして車体へと伝達している。

ED72・73形や、EF63形で採用された着力点低下方式の逆ハリンクと同じだが、リンク装置の巧妙な配置により、揺れ枕と心皿を廃したボルスタレスとしているのが大きな特徴だ。これにより心皿がある場合の台車では軸距が2,800mm程度になるのに対して、DT129では2,500mmとなり、揺れ枕がないことも相まって台車枠の小型軽量化と、床下の空間を広く取れることで、床下機器の艤装に余裕ができた。ED75形自体が大変コンパクトなのは、この台車による影響も無視できないだろう。

枕バネは台車枠横梁に張り出したバネ座に防振ゴムを介して載っており、車体重量はすべて枕バネに加わっている。走行中の台車の横揺れや曲線通過時の台車の偏倚は、コイルバネのたわみと、防振ゴムのたわみによって受けている。軸バネは軸箱直上の台車枠内に収められていて、ブレーキシリンダがあることで目立たない。

試作の2両では、台車枠は6mm厚の自動車用鋼板だったが、試作車での応力試験の結果、量産車では9mmの普通鋼板に変更になり、この結果、台車1台で470kgの重量増となった。

歯車装置はEF70形と基本構造は同じだが、歯数比はED74形と同じで、小歯車の歯数は16、大歯車の歯数は71で、歯数比は4.44となっている。

ED75形777号機のDT129P台車。0番代が採用したDT129Aの改良版。右ページの図面と同じ側面から見る。

DT129A・B台車組立

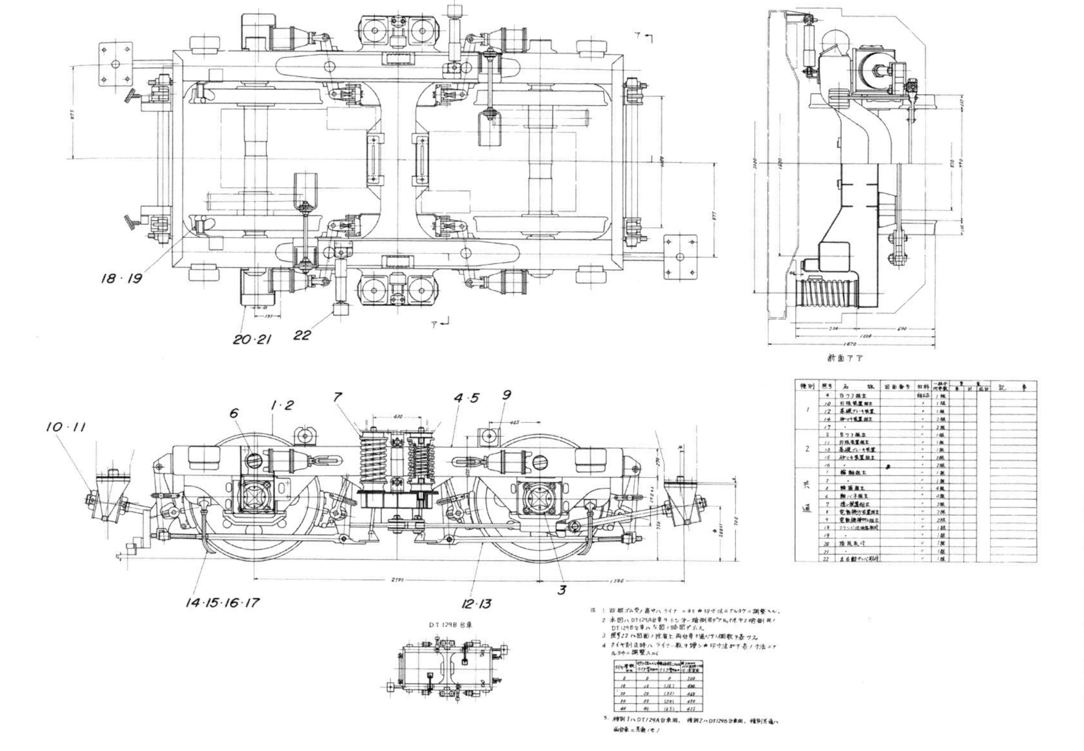

引張装置組立

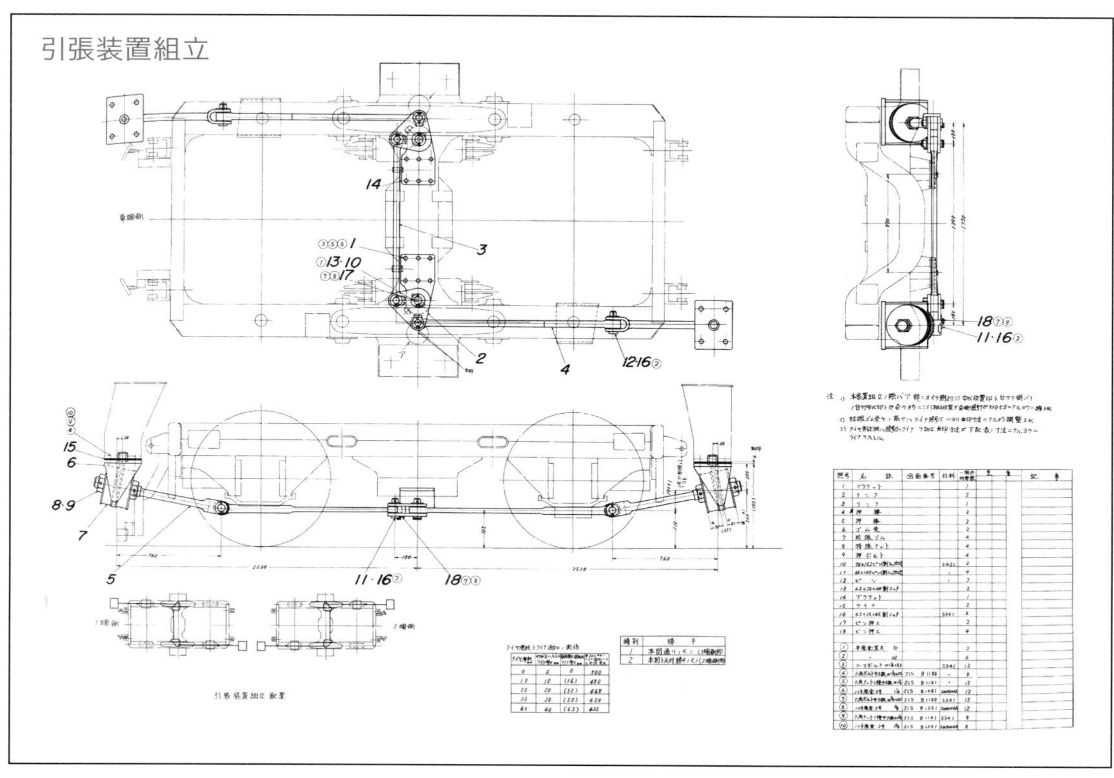

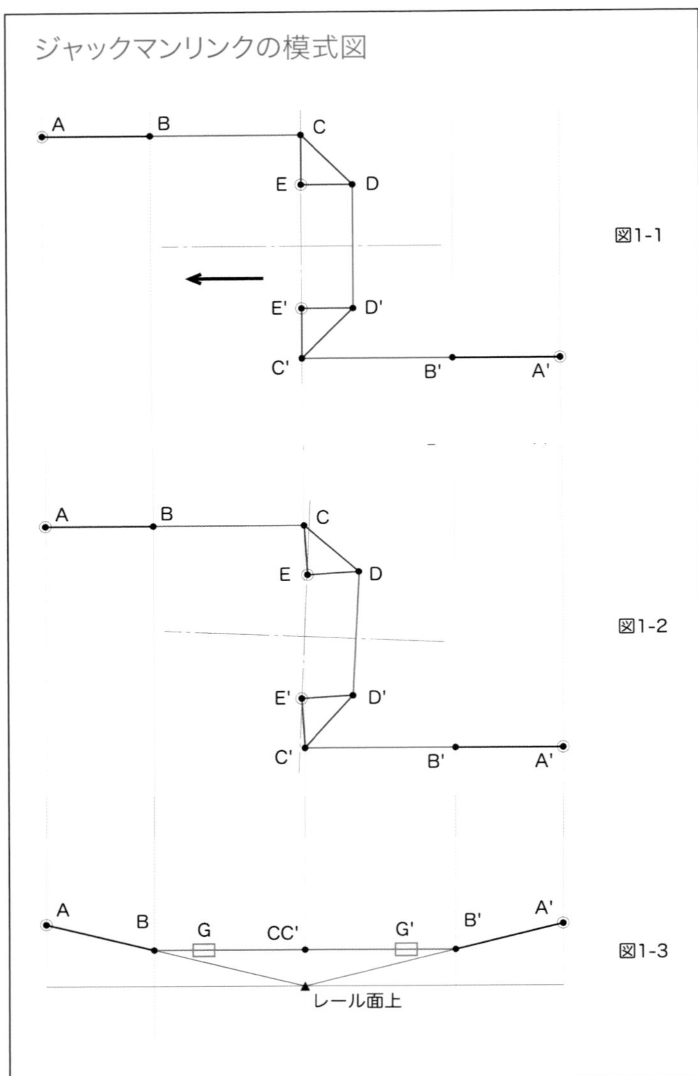

ジャックマンリンクの概要

左に示した模式図の図1-1と図1-2は上から見た平面図となる。

A・A'点はゴムブッシュを介して車体足に結合、リンクのE・E'点は台車枠にピンを介して結合されている。図1-1の状態で機関車が矢印の方向に進む時、A-B-C間の押棒(引張棒)には圧縮力が加わり、C'-B'-A'間の押棒には引張力が加わっている。前後のリンク同士は、D-D'点を結ぶリンク棒(図面では単に「リンク」となっている)によって結合されており、この作用によって台車で発生した動力は、A-B-C間とC'-B'-A'間に等しく加わって車体に伝達される。

図1-2のように台車が時計回りに回転したとすると、E・E'点の位置は台車の回転によって変化するが、D-D'点がリンク棒によって結合されているため、リンクが回転することによってC-C'点の位置は変わらず、台車は仮想心皿中心で回転をしつつも、動力は変わらず車体に伝達されている。

図1-3は側面図で、A-B・A'-B'間の押棒が傾斜して配置されている。傾斜した前後の押棒の仮想上の合成点はレール面上にあり、これにより

図1-3を写真に落とし込んだ図。
( )の記号は反対側面を示す。

台車で発生した動力を車体に伝達した際に、あたかもレール面上で牽引力が発生したものと同じことになる。G-G'点は軸箱下にある案内で、これによってB-C・B'-C'間の押棒の水平を保ち動力を伝達している。

G-G'点の案内は引張装置では座屈を防ぐ重要な部分になるので、ED74形のDT129より大型化されており、押棒は高周波焼入れを施し、台車側の案内は高マンガン鋼が溶接されている。潤滑油として二硫化モリブデンを配合した潤滑油を定期的に塗布し直している。また、B-B'点のピンは座屈を防ぐため隙間を少なくしていて、新製時の隙間は0.05～0.26mmとなっている。この隙間は1mmを越えない段階で交換するのが望ましいとされる。

引張装置のピンはそれぞれグリスによる潤滑が必要になるが、オートグリスタを使用してグリスを集中供給している。

C'の下側からB'方向を見る。C'のリンクの上にあるのは枕バネのバネ座。

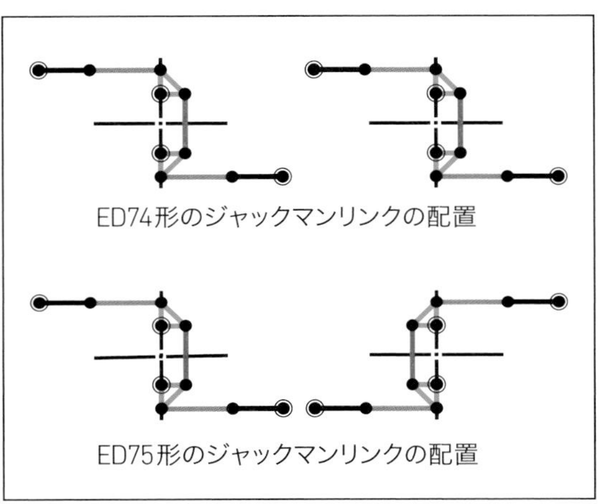

ED74形のジャックマンリンクの配置
ED75形のジャックマンリンクの配置

G'の案内を下から見た様子(上)と横から見た様子(下)。

国鉄ED75形電気機関車

押棒(引張棒)と、スカート裏にある前面寄りの車体足が接合するA部分。ゴムブッシュを介して衝撃を緩和している。

リンクと車体中央寄りの車体足が接合するA' 部分。車体足の形状が異なる。

DT129B台車のC－G(案内)間に相当する箇所の押棒。

引張装置のリンク部分にある3本のピン。脱落防止のカバーが付く。左側にあるホースはオートグリスタからの給油ホース。左右に見える板状のパーツは台車のブレーキ梁。

D-D' の押棒を下から見た様子。CDEの三角形のリンクに対し、D-D' は細い押棒で結ばれている。両側にある円筒形状のものは主電動機で、通常の台車であれば間の中央部には心皿があるが、DT129ではリンクの支えとリンク棒が通っているのみとなる。

左上から右下に、G'-B'-A' を下から見た様子。横切っている配管は砂撒き管。下側に見えている部分は主平滑リアクトルの曲がり風道。

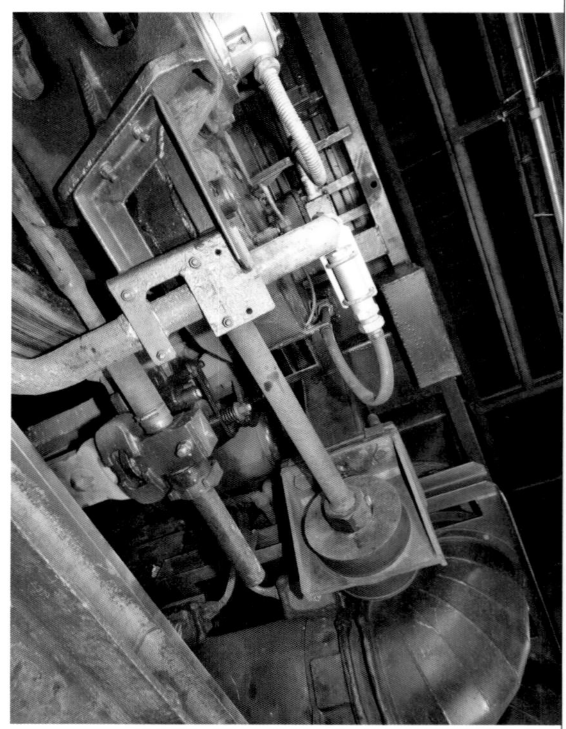

車体・台枠

車体台枠

従来の車体とは異なり、EF62形の構造を参考に、側梁と柱構えの剛性を大きくし、枕梁間の中梁を廃して軽量化を図った構造となった。
この構造の車体では枕梁間で中梁と称する梁は、ジャックマンリンクから牽引力を車体に伝達する車体足周辺に存在している。車体寸法は全長13,500mm、全幅2,800mm、枕梁間7,600mmとコンパクトである。

車体台枠は普通鋼板と形鋼による溶接構造となっている。側梁は縦150mm×横75mm×厚さ6.5mmの形鋼で、車体重量は台車の項でも述べたように、枕梁左右に設けたバネ座から台車の枕バネへと伝達している。

また、心皿がない構造なので枕梁に上心皿は存在しないが、枕梁は車端部の連結器から車体へ牽引力を伝達する重要な部材として存在し、枕梁と側梁は強固に接合されている。同時に枕梁左右には車体吊上用金具を差し込む穴があり、通常はフサギ板で塞がれている。この下にはジャッキ受けがある。

車端連結装置は車端部の中梁に頑丈な引張箱が設けられていて、柴田式上作用自動連結器がここに収められ、連結緩衝器はRD2ゴム緩衝器が採用されている。これは同時期に製造されたEF80形と同一のもので、連結緩衝器自体が小型なので、車端連結装置自体の全長が短く、構造が簡単でコンパクトにまとめられている。連結器の複心装置はED71形と同じものを使用している。

車体

箱型車体で、前面と側面は形鋼と鋼板を溶接した構造となり、機器室はブロック式を採用しているため、一部機器の擬装用の枠や柱はあるが、機器室内に固定された柱はない。側柱は4.5mmの普通鋼板をコの字形に曲げたもので、軽量化と強度保持を兼ねて丸穴が開けられている。

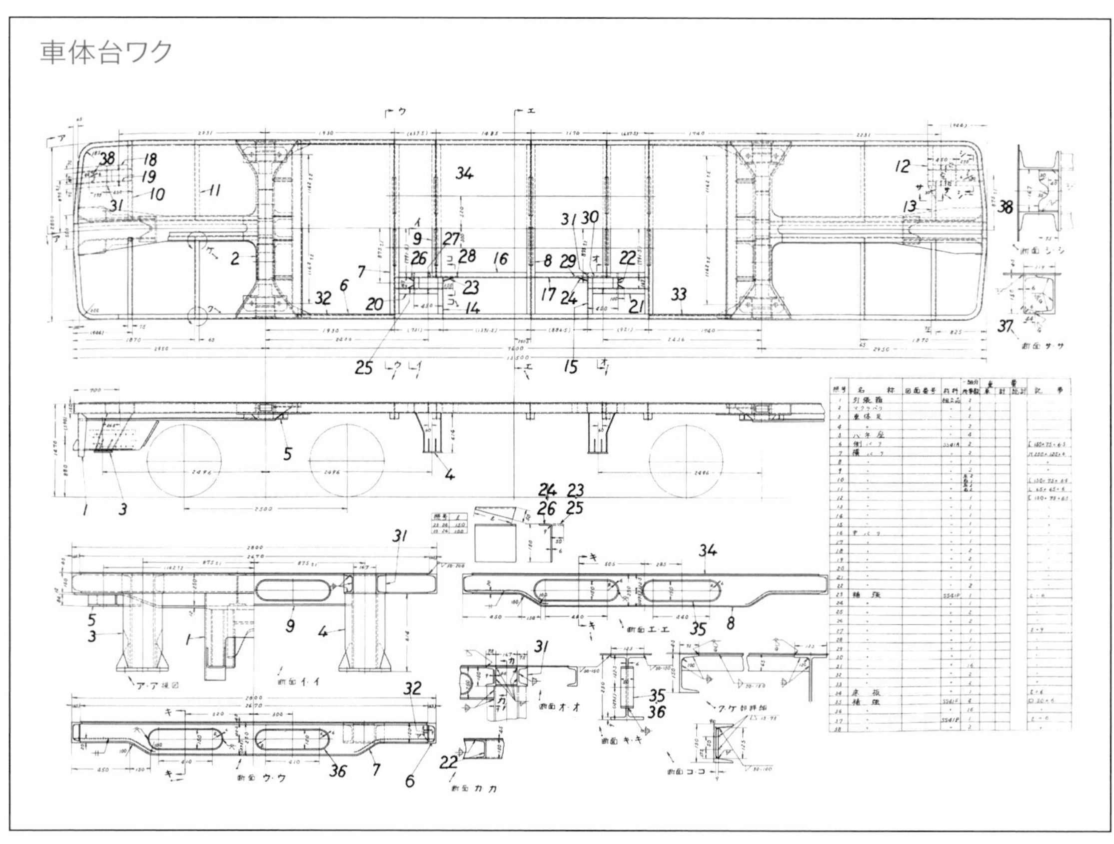

機器室内に搭載される機器は大型のものも多いため、整備の際にブロック化された機器枠や補機類の出し入れを容易にするため、屋根は4分割されて取り外し可能で、分割された屋根の継目部分には垂木があって左右の側板を結んでいる。開口部分の周囲には立ち上がりがあり、そこに屋根を被せて雨水が滲入することを防ぐ構造となっている。取り外し屋根の固定ボルトの間隔は200mmだが、量産車ではこれを300mmとしている、またランボードも試作車では幅250mmだったが、量産車では安全性に考慮して300mmと広げられた。

車体は隅柱をなくし、この部分の前面窓には曲面ガラスを使用して視界を広くした。この前面窓は8.3mmの合わせガラスを使用し、Hゴムで固定している。運転席および助士席の側面窓は2個あり、前側がHゴム固定窓、車体中心寄りは乗務員が外部を確認するために開閉可能の引戸となっている。乗務員室扉は内開きの開戸で、窓は開閉式となっている。

前面には重連運転時に乗務員が往来するために外開き式の貫通扉が設けられている。外開き式となっているのは、走行中の風圧により扉から隙間風や雨水が滲入するのを防ぐためである。また、貫通扉を開放した際に屋上へ昇降できるように内側にハシゴが設置されており、窓部分のハシゴは視界の妨げになるので、取り外して扉下部に収納できるようになっている。

機関室側面には冷却風取入口が片側に5カ所設けられている。一見するとパンチプレートと外板が固定されているように見えるが、内部のエアフィルタと共に取り外し可能となっている。その上部には機器室の明かり取り用として横長の固定窓が設けられているが、1枚窓ではなく、左右に2分割された窓ガラスが使用されている。両側面とも向かって右から2個目の冷却風取入口下部に、整備の際に使用する機器取出口があり、外開き式の蓋が設けられている。

試作の1号機は車体外板が台枠を覆う構造となっていたが、2号機は側梁が露出した構造となっている。これは側構に側板をスポット溶接すると、その隙間に雨水が入り込み腐食するのを防ぐためと思われる。側板は台枠上にある柱枠というアングル

機械室柱構

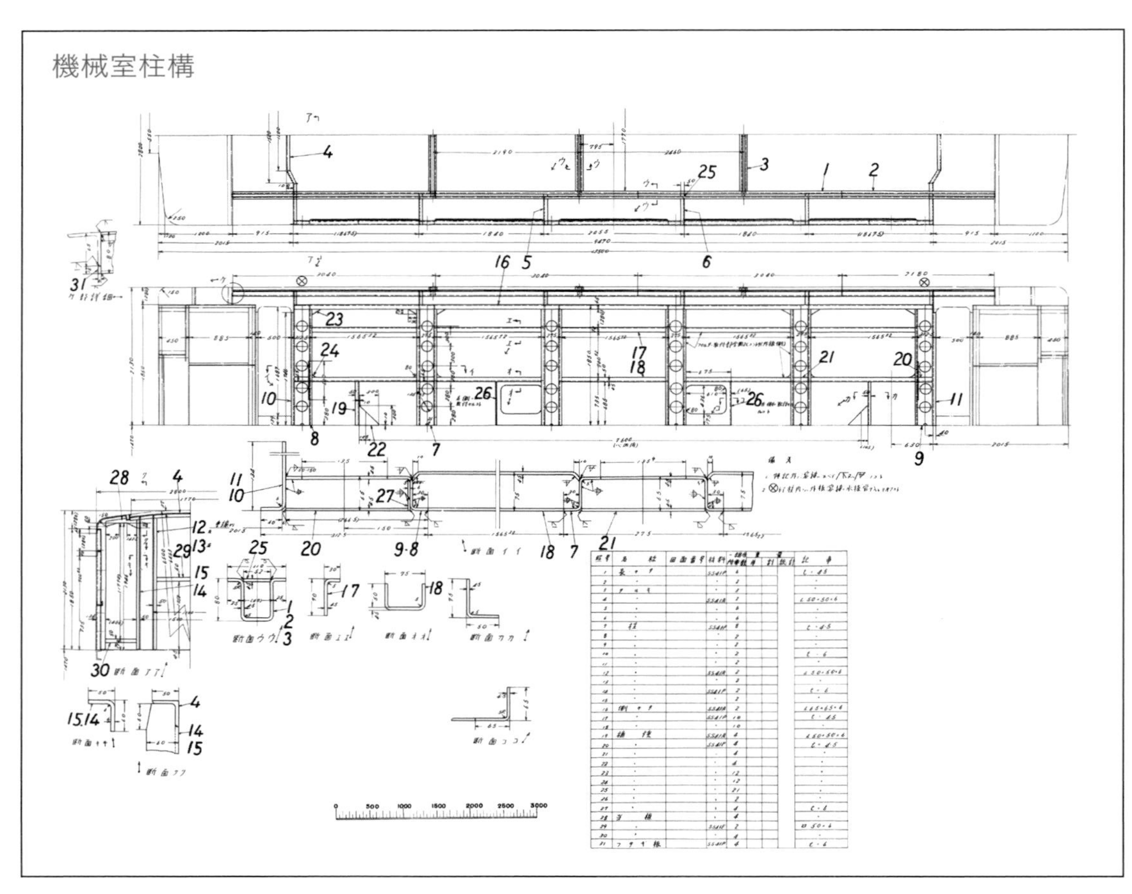

材に溶接されており、さらに水切りをよくするために、柱枠から10mmほど下げられている。量産車の車体構造は2号機のこの構造が採用され、後に製造されるED76形以降の交流電気機関車や、EF81形、EF64形1000番代にも採用された。

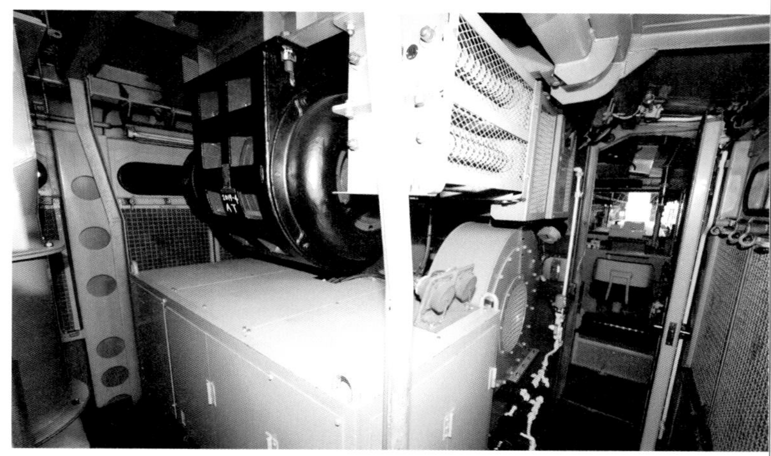

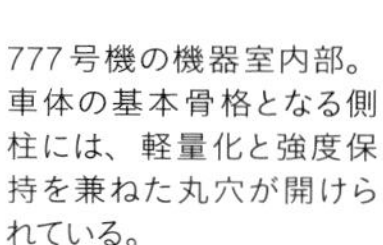

777号機の機器室内部。車体の基本骨格となる側柱には、軽量化と強度保持を兼ねた丸穴が開けられている。

主回路用の主な電気機器

ED75形111号機のPS101パンタグラフを上げた状態。パンタグラフと屋根を結ぶ2本の白いガイシは、上げ下げにエアを供給する空気碍管(がいかん)。右手前の機器は架線電圧を測定する計器用変圧器。

パンタグラフ

パンタグラフも今後の標準型として新設計された。今後、電化区間が北進するに従って降雪地帯での使用が増えることから、いくつかの点を考慮して設計が進められた。

❶ 構造を簡単なものとすること
❷ 機関車と電車で共通使用できること
❸ 耐雪構造とすること

しかし、新設計となっても、部品は極力従来からある共通品を使用して標準化を図ることとなった。

ED75形に採用されたのはPS101で、バネ上昇空気下降式となったのが大きな特徴だ。従来、電気機関車は空気上昇式、電車はバネ上昇式といったように使い分けがされてきたが、同一線区を走る車両では同じ方式に統一した方が都合がよい。検討を重ねた結果、電気機関車でもバネ上昇式で問題ないとされたので、耐雪構造化も容易であり、経済性も考慮した結果、PS101はバネ上昇式が採用された。

従来の耐雪構造としては、PS100を装備するED71形5両と、ED74形6両に対して、冬期間の押上圧力を1〜3kg増加させるために、増圧シリンダの取り付けが行われていた。しかし、走行中の押し上げ圧力増加は交流電化区間の架線構造では問題があり、スリ板の摩耗も急激に進むため得策ではなかった。また、押上圧力増加は降雪時に折り畳み状態からパンタグラフを立ち上げるには有効ではあるものの、1〜3kgでは不足気味であることから、バネ上昇式で補正テコを設け、立ち上がり時の上昇力を増大させる設計となった。バネ上昇式の積雪対策としては、主バネをカバーで覆うだけで十分と考えられた。その結果、重量は180kgとなり、従来品よりも軽量化されている。

集電シュウ、集電シュウ支え装置、枠組などの主要部品はPS100と共通、主バネ、カギ装置などはPS16と共通、パンタグラフ下げシリンダ、台枠は新設計となっている。なお取り付け寸法はPS100と同じである。

バネ上昇式となるので、上げ操作

ED75形111号機のPS101パンタグラフを下げた状態。バネオオイに囲われているが、台座の中央部分にカギ装置がある。

上枠と下枠の軸受部の導通を確保するための網銅線(コーベルワイヤ)。電流が少ないため細身である。

トロリ線と集電シュウの摩擦により集電シュウが前後移動するのを緩和するナビキバネ。集電シュウ自体も細身である。

の際はカギを外す必要があるが、交流電化区間は高電圧であるため、直流電車のようにカギ装置に紐を取り付けて操作することはできない。そこでカギ装置にはエアシリンダが組み込まれ、ここにエアを送り込むことでカギを解除し、約7kg程度の大きな力でパンタグラフの立ち上がりが開始する。

約400mm付近まで上昇すると押上圧力は通常の4～5kgぐらいとなり、同時に下げシリンダは前回パンタグラフを降下させた時の位置を保持しているため、下げシリンダ内のエアは圧縮されて、絞りを設けた排気口からゆっくりと排出され、集電シュウがトロリ線に接触する際の緩衝作用を行うようになっている。

下げ操作は下げシリンダにエアを送り込んで、パンタグラフ下部に設けられた主軸のテコを押して、パンタグラフを降下させる。カギが掛かる寸前では緩衝作用を行う。

このように上げ下げ操作の際に

PS101パンタグラフ組立

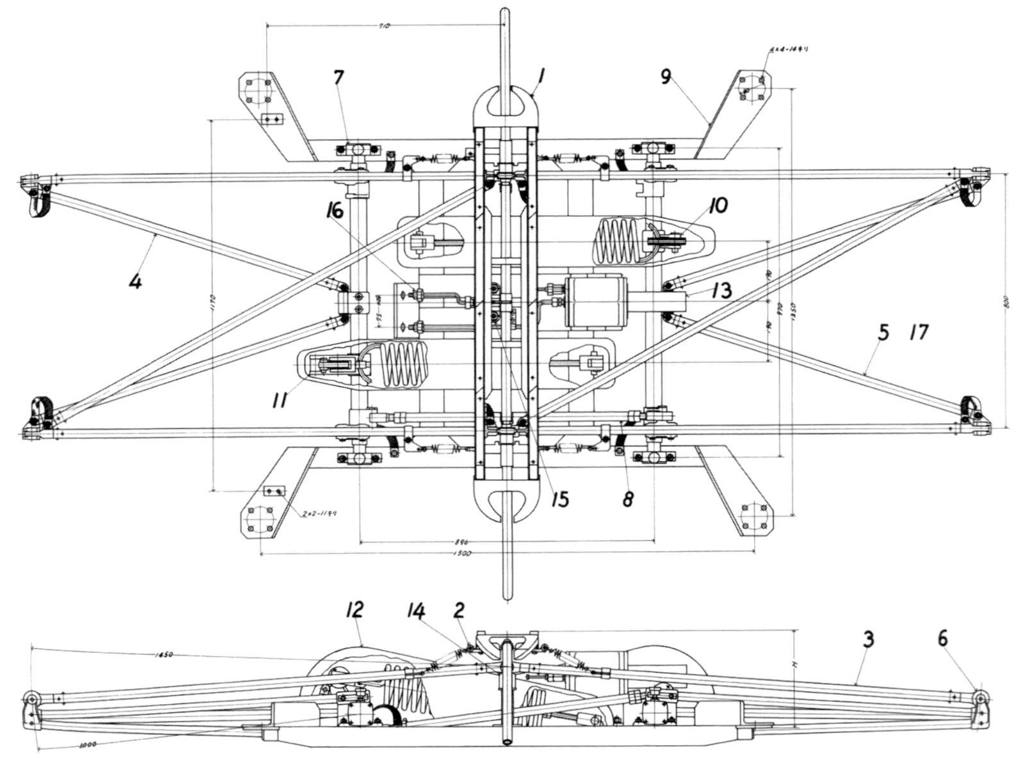

別々にエアが必要になることから、パンタグラフへは2本の空気碍管が設けられている。

避雷器はLA103だが、量産車ではLA104に変更されている。

空気遮断器

主回路の電流遮断にはCB103空気遮断器（ABB）が用いられている。交流は電圧が0になる点があるので、回路遮断時に伴うアークを圧縮空気（エア）で吹き消すことが可能で、車体中央寄りやや1エンド寄りの屋上に設置されている。

外観的には工具箱のようなカバーの横に、横向きの碍子状のものが2本並んでいるのがそれである。箱寄りのものが遮断部で、その後ろ側には断路器のブレードが付いている。箱の中にはABB用のエアを溜める補助空気ダメと遮断器を動作させる電磁弁、断路器を動作させる断路器操作シリンダが内蔵されている。

遮断部の内部には固定接触器と可動接触子があり、可動接触子はバネによって常に接触した状態となっている。最初の段階では断路器が開路（OFF）状態となっているので、パンタグラフが上昇しても主回路には通電しない。閉路用電磁弁がONになると、断路器操作シリンダのオン側にエアが流入し、断路器のブレードは時計方向に60度回転して閉路（ON）が完了する。

遮断の際は開路用電磁弁がONとなり、補助空気ダメのエアが遮断部に流入する。流入したエアは可動接触子を固定接触子に押し付けているバネの力に打ち勝って、可動接触子を固定接触子から離すと同時に、可動接触子中央部に開けられた通路を通って排気される。この時のエアの消弧作用によってアークは吹き消され、約0.7サイクル以内に完全に消弧して主回路を遮断する。

遮断部に送られたエアの一部は断路器操作シリンダにも流入し、ある程度の時素（タイムラグ）をもって断路器のブレードを反時計方向へ60度回転させ、これによって主回路の遮断は完了する。動作した際に「バシュッ」と大きな排気音がするのはこのためだ。ブレードは内蔵されたトグルバネによってその位置を保持する。

遮断部の可動接触子はエアの流入が終わるとバネによって再び固定接触子に接触するが、断路器が開路状態となっているので、主回路に電流が流れることはない。

主変圧器

新たに低圧タップ制御方式が採用されたため、従来多く使用されていた高圧タップ制御用の変圧器とは異なり、内部機構が単純になって重量的にも大変軽量な変圧器となった。形式はTM11となる。

しかし、単体としては大変重量のある機器なのと、タップ切換器・磁気増幅器とはひとまとめとするのが艤装上得策であるため、機器室のほぼ中央に設置されている。屋上の高圧ブッシング（貫きガイシ）から主回路の特別高圧線を機器室内に引き込み、主変圧器直上に設けられた高圧ブッシングから内部の変圧器1次側コイルへと接続している。鉄心とコイルは絶縁と冷却のため絶縁油に浸されケースに収められているので、外観は上部にブッシング付いた箱状のものである。

量産車では変圧作用を安定させるため巻線構造の一部を変更したほか、冷却性能に余裕があったため、絶縁油の冷却用ポンプを小型化したTM11Aとなった。

ED75形111号機の屋上中央付近にある空気遮断器（台形の箱状のものと、その左側のガイシ部分）。断路器はONの状態。

全検で車両から降ろされたTM11A主変圧器。左側に出っ張っている部分は絶縁油の冷却装置で、その下に磁気増幅器が設置される。右側のやや色の違う部分はタップ切換器とその制御装置。

ED75形777号機の高圧ブッシング（貫きガイシ）。屋上から主回路の特別高圧線を機器室内に引き込む。

ED75形111号機の屋上にある高圧ブッシング。屋根を貫通しているので、貫きガイシと呼ばれる。

TM11主変圧器外形

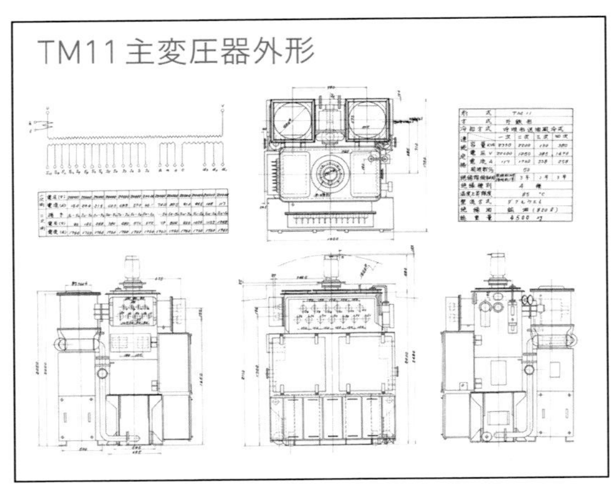

LTC-2低圧タップ切換器組立

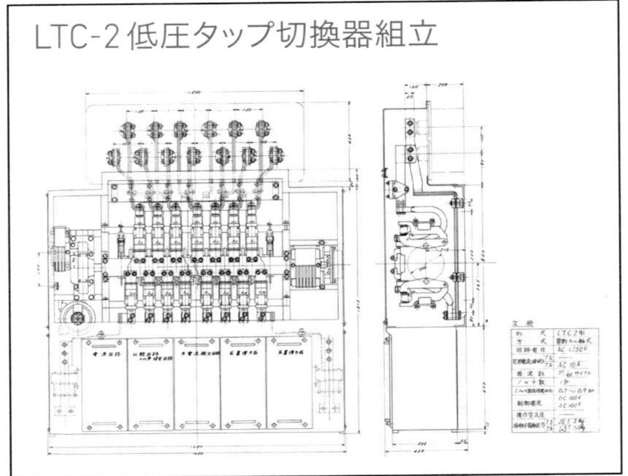

全体機器配置（1・2号機）

1. パンタグラフ　2. 空気碍管　3. パンタグラフ断路器　4. 計器用変圧器　5. 空気遮断器（ABB）　6. 交流避雷器　7. 支持碍子　8. 第1制御箱　9. 第2制御箱　10. 非常空気ダメ　11. 電動送風機　12. 相変換器起動抵抗器　13. 蓄電池　14. 自動電圧調整装置　15. 相変換器　16・17・18. 単位スイッチ　19. 車内警報受信機　20. 車内警報受信機自動電圧調整装置　21. 車内警報直列抵抗器　22. 相変換器用接触器　23. 補助回路用接触器　24. 空気圧縮機用接触器　25. 電動送風機用接触器　26. 灯回路用セレン整流器　27. タップ切換器　28. 主変圧器　29. 磁気増幅器　30. シリコン整流器　31. 空気圧縮機　32. 交流フィルタ抵抗器　33. 交流フィルタコンデンサ　34. 主幹制御器　35. ブレーキ弁 及び 脚台　36. 腰掛　37. 平滑リアクトル箱　38. 界磁分路 及び 分流抵抗器　39. 蓄電池　40. 元空気ダメ　41. 供給空気ダメ　42. 制御空気ダメ　43. 主電動機

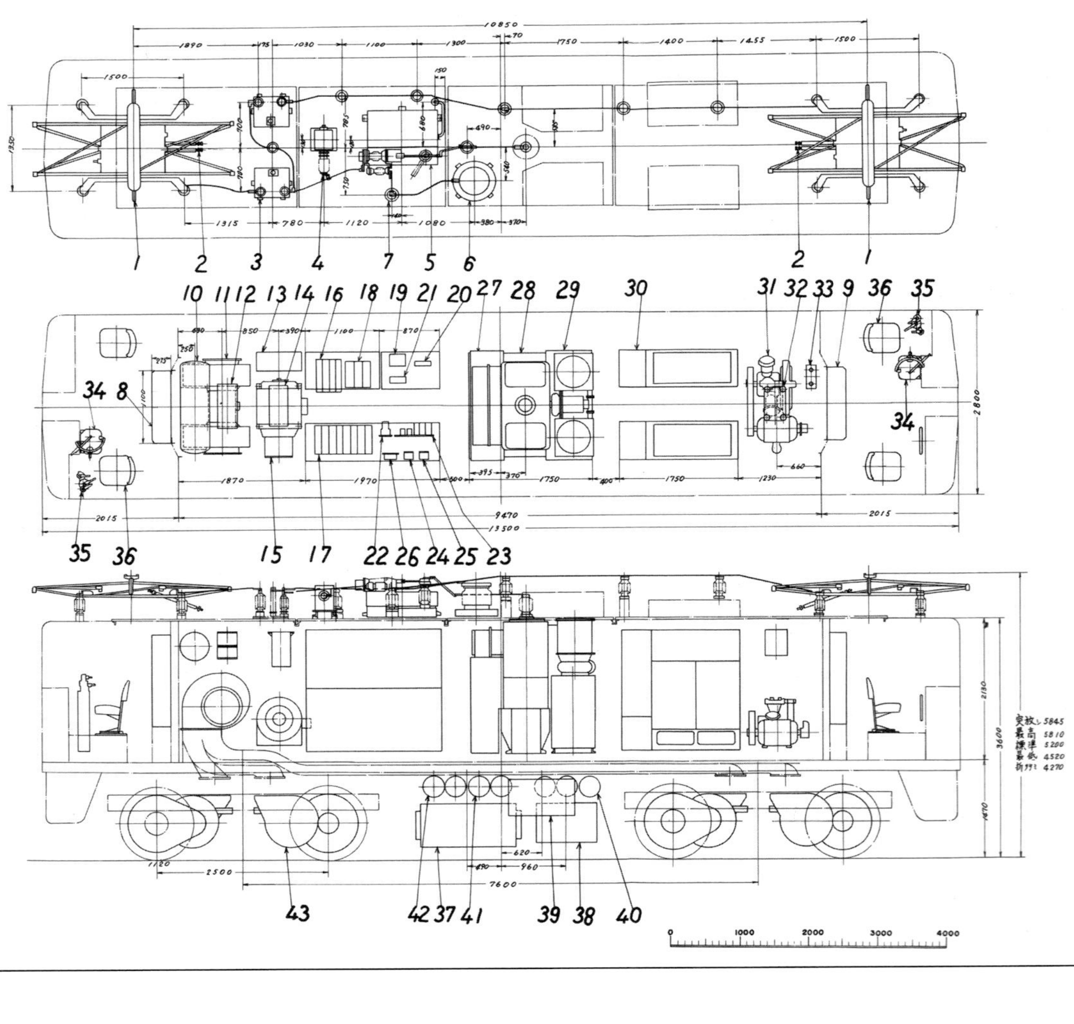

タップ切換器

磁気増幅器による無電弧タップ切換方式の採用により、タップ切換器ではほとんど無電流で回路を遮断できるようになった。大電流を遮断するアークの吹消装置が不要となったため、切換器自体が小型軽量化され、保守の省力化にも貢献している。

ED75形量産先行車に採用されたタップ切換器は、日立製の1号機はカム軸接触器としたLTC-2、三菱製の2号機はエアによって接点を開閉するカム弁接触器方式のLTC-1を採用した。2両で異なるのは、無電流で接触器の開放は可能ではあるものの、定格電流2,040A、起動時に最大4,000Aもの大電流を通電するためカム軸接触器では不安があり、比較対象として実績のあるカム弁接触器方式を採用したためだ。

使用の結果、構造の簡単なカム軸接触器式のLTC-2でも通電には問題なかったことから、量産車ではこれを改良したLTC-3が採用された。

磁気増幅器

可飽和リアクトルとも呼ぶ。鉄心にコイルを巻いた構造で、一見すると変圧器と似ているが、鉄心材料には変圧器と異なる飽和特性が急峻な磁気特性（角形飽和特性という）を持つものが使用され、この鉄心材料が開発されたことにより応用が進んできた。

重量がかさむものの頑丈であり、突発的に発生する大きな電圧にも故障することなく、整備もほとんど必要ないなど、半導体にはない特性を持っている。ED75形設計当時では、交流電気機関車の制御に使用するのは最適ともいえた制御機器である。

構造は2個の鉄心に主回路となる同じ巻き数のコイルを巻き、それを直列接続する。それぞれの鉄心には制御巻線と呼ばれる別のコイルが極性を反転させて巻かれており（21ページ図1）、制御巻線には直流電源が接続されている。

主制御用としては初めて採用されたことから、形式はMA1となっている。MAはMagnetic Amplifierの頭文字を取ったもので、マグアンプとも呼ばれる。

大電力用の制御機器はその後、サイリスタなどの半導体制御に移行してしまったため、現在ではすでに過去の技術となってしまったが、その頑丈さゆえに、突入電流などで制御回路に大きな負荷が加わる金属精錬用などは現在も使用されている。

主変圧器・タップ切換器・磁気増幅器の配置

これら3つの機器はED75形の心臓部ともいえるもので、その動作と作用は密接に関係している。また重量的にも機器室内に搭載される機器では重量があるので、機器室中央部に設置されている。

主変圧器の前位寄りにはタップがあり、そこに直接タップ切換器が接続され、主変圧器の後位寄りには磁気増幅器が配置されている。それぞれの機器は、まず磁気増幅器を機器枠上に取り付け、その上に電動送風機と絶縁油冷却装置を組み込んだ主変圧器を被せるように設置する。

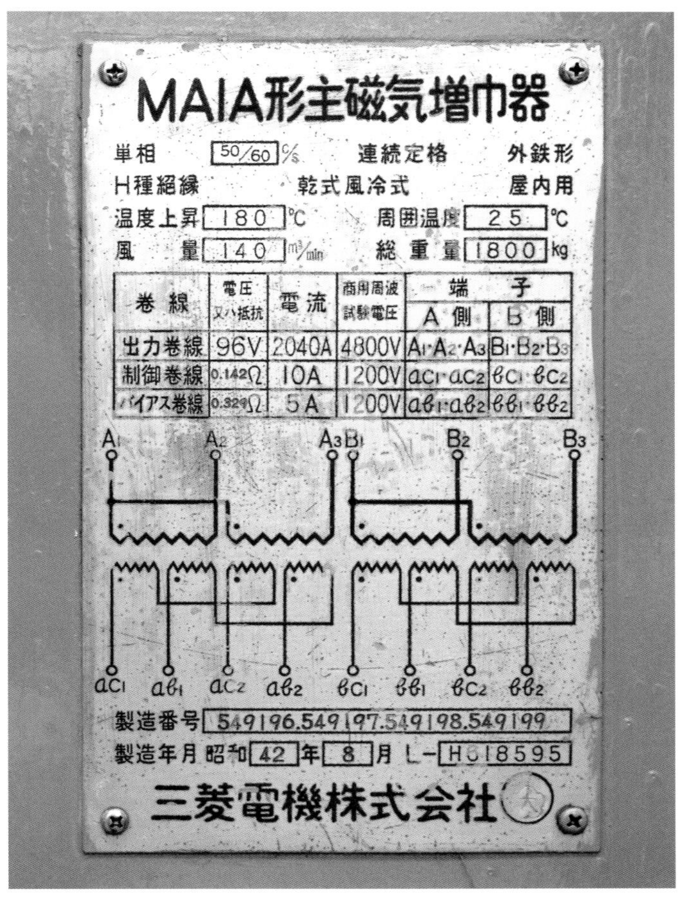

ED75形777号機のMA1A主磁気増幅器の側面に張られた結線図。結線図の上側、大文字のA・B側が主回路巻線で、小文字の下側が制御巻線と、バイアス巻線を表している。

電動送風機(MH3045-FK70×2基)と磁気増幅器はたわみ風道で結合され、冷却風は磁気増幅器下から吸い込まれ、それを冷却。絶縁油冷却装置を冷却したあと、電動送風機を通って屋上の排気口から排出される。

主整流器

形式はRS11。全面的に半導体のシリコン整流器を採用しており、磁気増幅器リセット用の帰還整流器もシリコン整流器(若干定格が異なる)を採用している。主整流器用のシリコン整流器は全波整流を行うため、4つあるアームの構成は、素子を5個直列したものを10個並列とし、これで1アームを構成している。

直列とするのは電圧的に余裕を持たせるためで、並列とするのは電流容量に余裕を持たせるためだ。また、シリコン整流素子の一部が劣化して機能しなくなっても、ある程度運転を継続するための意味もある。同じように帰還整流器は2個直列のものを10個並列として、これが2組、それぞれ磁気増幅器と主整流器の間に接続される。

COLUMN

磁気増幅器と無電弧低圧タップ制御

磁気増幅器の原理

電源電圧(交流)が主回路巻線に印加された時、それぞれの主回路に対して逆向きとなる制御巻線(21ページ図1)の直流電圧が0(非励磁)だと、鉄心の磁気特性によってインダクタンス(コイルを含む電気回路の交流に対する抵抗)が無限大に近くなるので、2次側の出力はこれに阻止される形で負荷回路(主整流器+主電動機)に電流は流れない。

ここで制御回路に直流電流を流し始め、交流電気の位相がある一点に差し掛かると、鉄心内の磁束が急激に飽和して2次側に電流が流れ始める。徐々に制御コイルの電流を大きくすると、磁気飽和の地点が徐々に早くなり、最終的に鉄心の磁束が完全飽和した時点で1次側入力電圧と2次側出力電圧がほぼ同等となる。

磁気増幅器の働き

22ページの回路模式図3を参照していただきたい。ED75形の無電弧低圧タップ制御では磁気増幅器を2組用いる。B磁気増幅器(MA1-B)は奇数段のタップが接続され、A磁気増幅器(MA1-A)は偶数段のタップが、それぞれタップ切換器を介して接続される。

タップ切換器のS1が閉じて、MA1-Bの制御電流IcBが0だと、MA1-Bは磁気飽和せずに主整流器には電圧は印可されず機関車は止まったままである。MA1-Bの制御電流IcBを徐々に増やすとMA1-Bの2次側に電圧が現れ始め、MA1-Bが完全飽和すると、主整流器にはタップ1の電圧がそのまま印加される。

次にMA1-Aの制御巻線の電流IcAを0としたままS2を閉じると、MA1-Aから主整流器にかけては電流は流れず、そのままMA1-Bから主回路電流は流れ続けている。ここでMA1-Aの制御電流IcAを徐々に増やすと、タップ2の電圧波形が徐々に2次側へ現れ始め、最終的に主整流器にはMA1-Aから全電流が供給されるようになる。

この時、MA1-Bからはほとんど電流が流れなくなるので、これを検知してIcBを0とするとMA1-Bからの電流は完全に0となるので、このタイミングでS1を開放し、S3を閉じる。こうしてMA1-AとMA1-Bを交互に使用しながら連続的に電圧を上昇させていく。制御巻線に流れる電流は、主制御器にあるパターン発生器によって作られ、タップ切換機無接点制御装置によって制御されている。

空転しづらい特性

直流電気機関車の抵抗制御では、バーニア制御を用いても主電動機端子電圧が段階的に変化することから、その箇所でトルクが急変するため空転が起きやすくなる。対して交流電気機関車では水銀整流器の格子位相制御や磁気増幅器で連続的に電圧を変化させることからトルクの急変がなく、空転しづらい制御方式といえる。さらに低圧タップ制御では変圧器での電圧変動率が小さいという利点もある。

抵抗制御では、一旦空転が発生すると主電動機端子電圧が上昇しやすく、空転をさらに助長させることがあるが、電圧制御を行っている交流電気機関車では、主電動機電圧の急変は抑制されることから、空転が始まっても大きな空転に発展することは少なく、再粘着しやすい特性がある。

なお、磁気増幅器の性質を利用して、タップ切換器無接点制御装置の論理回路で使用されたり、回路を流れる大電流をその回路から絶縁して、安全に測定するためにも用いられている。

主整流器全体では連続定格は2,040A。150秒間定格では3,810Aとなり、1,300t列車を10‰勾配上で牽き出す際は10秒間定格で最大4,260Aに加え、さらに事故電流を考慮して設計されている。

機器的には主整流器と帰還整流器は同一の機器箱に収められる。機器箱内は大きく3つに分けられ、整流器室、ファン室、短絡検出室に分かれている。さらに整流器の接続の向きが逆の＋箱と–箱があるため、機器配置図から見てとれるように主整流器箱は2個ある。＋箱–箱それぞれに冷却用の電動送風機（MH3034-FK69）が2基ずつ取り付けられており、機器室床から空気を吸い上げて、整流器を冷却後に屋上排気口から排出される。

なお、量産車では改良されたRS21となった。

主平滑リアクトル

交流を整流した直流は脈流といって交流波形が残っている。このままでも直流電動機に使用することは可能だが、損失が多くなり不経済であるばかりか、発熱量が多くなり運転にも支障が出る。そこで脈流をできるだけ平滑なものとするのが主平滑リアクトルだ。

主電動機に対して直列に接続されるため、4基永久直列のED75形では4個の主平滑リアクトルが使用され、円筒形状のIC23が4個ひとまとめにされて、床下に吊り下げられている。

冷却には、床下に設けられた円筒形状の電動送風機（主整流器と同じMH3034-FK69）を2基使用。機器室内の空気を取り込み、主平滑リアクトルを冷却した後、床下から排出されるようになっている。この電動送風機はED72形の主平滑リアクトル冷却用に使用したMH3034-FK56と電動機は同じもので、周波数の違いにより50Hzで使用すると回転数が遅くなるため、送風機側を新設計としたものである。

主電動機

EF70形で初めて採用され、将来の標準型として新設計されたMT52を採用した。駆動装置は最新のクイル式（第1章コラム5参照）から旧来の吊掛式に先祖返りしてしまったが、低速回転ながら大出力を実現したMT52は当時の最新技術を結集した主電動機である。

新設計の主電動機の条件は、客貨両用の幹線用電気機関車で、交流機の場合は4軸駆動、直流機の場合は6軸駆動で、1,300tの貨物列車を10‰勾配上で起動でき、旅客列車は同勾配を最高速度100km/hで走行できることが条件であった。

6軸直流電気機関車では組み合わせ制御の都合上、定格電圧は1,500Vの架線電圧の半分である750Vとなり、1時間定格出力は425kW/h（1時間定格電流615A、定格回転数850rpm）となるが、交流電気機関車では主電動機端子電圧は自由に選べるので脈流900Vとし、1時間定格出力は475kW/h（1時間定格電流570A、定格回転数1,070rpm）と、二重定格として、どの電気機関車でも使用できる設計としている。直流と脈流で損失が異なるため出力は比例しない。

ED75形777号機の主整流器。700番代ではドライチューブによる冷却方式を採用し、冷却性能に加えて信頼性も大幅に向上したRS44を搭載する。

ED75形777号機の主平滑リアクトル。床下に吊り下げられた円筒形状のものが主平滑リアクトルで、2基つながっており、この奥側にもう2個設置されている。左側面は冷却風排気口で、冬期はここをフサギ板でふさぐ。

交流機では定格電圧が高くなることから、最大許容電圧は回転数が高いことによる損失増加を見込み、1,150Vとしている。なお、電動機出力は回転数に比例して大きくなるため出力に違いがあり、回転数が高いことから交流電気機関車では歯数比を大きく設定できる。

主電動機の冷却用電動送風機は、機器室1エンド側に1基設置されたMH3064A-FK68で、電動機の両側に勝手違いで送風機が取り付けられており、機器室床下に設けられたダクトを通じて4基の主電動機を冷却している。

ED75形777号機の主電動機部分。大きな円筒形状のもので、台車と車軸に吊り掛けられている。

ED75形777号機の床下全景。中央部分がMT52A主電動機で、車軸に吊り掛けているサスメタルが正面にある。その右側が歯車箱。

主回路用以外の主な電気機器

相変換器　DM67C

ED75形では電動空気圧縮機、主変圧器絶縁油送油ポンプ、および各所に使用されている冷却用の電動送風機には三相誘導電動機が使用されているが、架線電源の単相交流から三相交流を作り出すのが相変換器だ。

単相かご形誘導電動機の固定子に調整巻線（相変換巻線）を別途備えたもので、誘導電動機が回転する際に発生する逆起電力を利用し、調整巻線との接続方法を利用することで三相交流（出力100kVA）を作り出している。相変換器の電源は主変圧器に設けられた400Vの三次巻線となっている。

また、相変換器が回転するにはある程度の負荷も必要になるため、同一軸にDM71単相交流発電機が直結されており、両者は一体形状とされている。DM71交流発電機で発電された単相交流は、制御回路の電源として使用されるほか、整流して蓄電池の充電用にも使用される。

ED75形777号機の相変換器。改良型のDM67Dを搭載し、DM71単相交流発電機が一体形状になっている。

電動空気圧縮機

MH3009電動機で駆動されるC3000空気圧縮機が使用される。MH3009はED71形などでも、MH1009として空気圧縮機駆動用として使用されていたものだが、三相誘導電動機は3000番代の型番が割り振られるようになったため、MH3009に変更された。内部構造の違いと電源周波数の違いによって、50Hz用はMH3009とMH3009A、60Hz用にMH3009BとMH3009Mの4種類があったが、ED74形製造時点で50/60Hz両用のものが開発されてMH3009Cとなり、ED75形ではこれが採用されている。

空気圧縮機起動時は電動機を軽負荷で起動し、所定の回転数（トルク）に達した時点で空気圧縮を開始するが、これには遠心力スイッチが用いられている。起動時から低速回転時には、電磁弁によって空気圧縮機シリンダの圧力を大気に逃がし（アンロード）、電動機が所定のトルクを得られる速度まで達すると電磁弁を閉じて圧縮を開始する。停止する際もシリンダ圧力を大気に逃がして、急停止することを避けている。

なお、遠心力スイッチには接点があるためそれには保守が必要だが、増備が進むと電動機の変更と同時に、電動機電流を監視してアンローダ弁を作動させる方式に変更された。

ED75形777号機の電動空気圧縮機。0番代と同じくC3000空気圧縮機が使用される。電動機はMH3064。

補助空気圧縮機

機関車を始動する際にパンタグラフのカギ外しや、遮断器の動作のためにはエアがないと操作ができない。そこで蓄電池によって最低限のエアを作るのが補助空気圧縮機で、小型であることから通称「ベビコン」と呼ばれている。同時に、蓄電池が放電状態で補助空気圧縮機が使用できない時に備えて非常空気ダメも備えている。

主幹制御器

MC109主幹制御器が使用されている。主制御器上面には主ハンドル、逆転ハンドル、補助ハンドル、バーニアハンドルがある。

主ハンドル

主ハンドルはいうまでもなく速度制御用に使用されるもので、抵抗制御の電気機関車とは異なり、連続的に電圧制御を行うため、主制御器のノッチは34ノッチまで細かく刻まれているのが特徴である。

切位置から最終段の34ノッチまで全体は107度回転する。切位置から1ノッチの間は7度、18ノッチまでは2.5度刻みとなり、18～32ノッチまでは3.75度刻み、32～34ノッチは再び2.5度刻みとされている。各ノッチは主ハンドルのノッチハンドルを握ることでノッチツメが解除されて操作が可能となる。

なお、33・34ノッチは弱め界磁制御となるため、後述のように主ハンドル先端の押ボタンを押さないと、ノッチを進めることはできないようにされている。

逆転ハンドル

逆転ハンドルは進行方向を変えるためのもので、前方に押すと前進、手前に引くと後進、中央が切位置になっている。

補助ハンドル

補助ハンドルはパンタグラフ、空気遮断器、補助機器を扱うためのもので、機関士から見てハンドルが直角の位置から手前に30度刻みで90度まで回転し、4つの位置がある。

1. 切
2. パンタ下
3. パンタ上・ABB切
4. 補 起(補助機器起動)・ABB入

バーニアハンドル

バーニアハンドルは、ノッチ間で連続電圧制御を行うためのもの。

インタロック

ハンドルは連動機構が組み込まれていて、下記のように機械的にインタロックが掛けられており、誤操作を防止する。

❶ 補助ハンドルは主ハンドル、逆転ハンドルがそれぞれ「切」位置にあるときのみ操作が可能
❷ 逆転ハンドルは補助ハンドルが「補 起」、または主ハンドルが「切」位置にあるとき操作が可能
❸ 主ハンドルは逆転ハンドルが「前」、または「後」位置にあるときのみ操作が可能
❹ 主ハンドルは32ノッチで一旦停止し、主ハンドル先端の押ボタンを押すことによって、33ノッチへ進めることが可能
❺ バーニアハンドルはノッチハンドルの押ボタンを押してノッチツメを解除し、逆転ハンドルが「前」、または「後」位置にあるときのみ操作が可能
❻ 補助ハンドルは「切」位置でのみ抜き取りが可能

主幹制御器の内部

主幹制御器の内部には主ハンドルと連動するタップ切換用パターン発生器と、バーニアハンドルと連動する磁気増幅用パターン発生器、カムスイッチなどがある。

パターン発生器はエポキシ樹脂製の円筒形状ドラムで、その内面には接点となるセグメントが埋め込まれている。そのセグメントには制御用変圧器のタップから出された0〜100Vまで5V単位の出力が接続されており、そこに中心軸と共に回転する導体ローラが180度ずれた対称位置に2個あり､エンドレスで回転する構造となっている。導体ローラが対称位置に2個あるのは､2基の磁気増幅器に制御指令を出すためだ。

パターン発生器は2個あり、主ハンドル軸にタップ切換器のステップ指令用のものと、バーニアハンドルには主磁気増幅器バーニア指令用のものがある。

ステップ指示用パターン発生器は、主ハンドルの位置が3・6・9・12・15・18・20・22・24・26・28・30・32の13ステップの指令電圧を出力して、タップ切換器を作動させる。主ハンドルと歯車で連動駆動される主カム軸とバーニアカム軸の歯数比は､主ハンドルと主カム軸が1:3、主カム軸と仲介軸が1:2、仲介軸とバーニア軸が1:4となっている。

仲介軸は主カム軸の回転を増速してバーニア軸に伝達するもので、主ハンドルとバーニア軸の歯数比は1:24となっており、主ハンドルが18ノッチまでは、3ノッチ(7.5度)でバーニアノッチのパターン発生器が180度回転することから、1〜3ノッチでは奇数タップに接続されるMA1-B磁気増幅器で制御し、4〜6ノッチでは偶数タップに接続されるMA1-A磁気増幅器での制御に切り換わる。

このパターン制御器の電源に変圧器を利用しており、制御回路では単相交流が必要となるため、相変換器と直結して単相交流発電機が使用されている。なお、量産車はMC109Aとなった。

タップ切換器 無接点制御装置

ED75形ではこの制御装置を無接点制御器としている。これは即応性磁気増幅器(レーミ型磁気増幅器＝サイパック)を利用した論理回路で構成されており、通常の電磁リレーのような可動部分がなく、電気接点もない静止型であるため消耗部分が少なく、複雑な回路も比較的容易に構成できる利点がある。制御装置自体はタップ切換器の下部に取り付けられており、おおよそ以下の6つの部分に区分される。

❶ 無接点制御装置に電源を供給する「電源部」
❷ 主幹制御器からのパターン電圧(指令)を受け、比較用磁気増幅器がタップ切換器のタップ位置との比較を行う「比較回路」
❸ タップ切換用の操作電動機の駆動と停止を行う操作電動機制御用磁気増幅器がある「操作電動機無接点回路部」
❹ タップ制御器の無電流を検知する「無電流検出回路」
❺ 無電流検出回路と比較回路との

条件によって、タップ制御器の操作電動機の制御条件の判定を行う「論理回路」
❻ さらに最終的に主磁気増幅器の制御巻線に電流を供給するにはサイパックからでは容量が不足するため、この指令制御電流を増幅して主磁気増幅器の制御巻線に供給するための「主磁気増幅器前置増幅部」で構成されており、前置磁気増幅器がある。

ED75形は主回路制御用に磁気増幅器を使用したが、これを制御するためにも磁気増幅器が多数使用されているのも面白いところだ。

KE63電気連結器

ED75形は重連総括制御を採用しているため、それぞれの機関車を電気的に連結させるためのジャンパ連結器がある。当初用いられたのは27芯のKE63で、EF62・63形などと同じく重連総括制御を行う電気機関車に使用されるものだ。ジャンパ連結器のメーカーはユタカ製作所が有名だが、KE63は東芝製となっている。

ED75形では機関車の方向転換を考慮して、車体側のコネクタとなる「ジャンパ連結器栓受け」を左右にそれぞれ2個設けた両渡り構造として、本体であるケーブルを持つ「ジャンパ連結器栓(コネクタ)」は、向かって右側の2・3位部分に接続された状態となり、車体のステップ部分に使用されていないジャンパ連結器栓のコネクタ部分を収納する「栓納め」が設置されている

KE3電気連結器

電気暖房用にはKE3が使用されている。KE3は電気暖房の開始に伴って新たに設計されたもので、定格は交流1,500V、300Aである。

従来の高圧引通線用ジャンパ連結器では通電中に解放することはできなかったが、これを解放可能としたもので、補助回路として直流100Vの回路を内蔵しているのが特徴である。暖房主回路の主接触部は1芯で、下部に補助回路の可動接触部がある。高電圧を扱うものであるから、ジャンパ連結器栓ケーブルは1・4位のスカート部分から直接出され、1・4位に栓納め、2・3位に栓受けが設けられている。

ジャンパ連結器栓を連結する際は、栓受けに対してジャンパ連結器栓を左へ30度傾けて挿入、主接触部が接触した後、さらに右に30度傾けて挿入を続けると、補助回路の可動接触部が接触し、補助回路が構成されて暖房主回路の通電が可能となる。

解放する際はこれの逆で、暖房主回路がONのままでも、主接触部より先に補助回路が絶たれるため、機関車側で電源を遮断しなくても増解結作業ができるとされている。

以上のような回路構成になっているため、ジャンパ連結器を使用しない場合は、補助回路だけがある栓納めにジャンパ連結器栓を収納しなければならない。

ED75形85号機の1エンド側スカート。左端がKE3片栓とKE3H栓納め。右端がKE3HB栓受け。

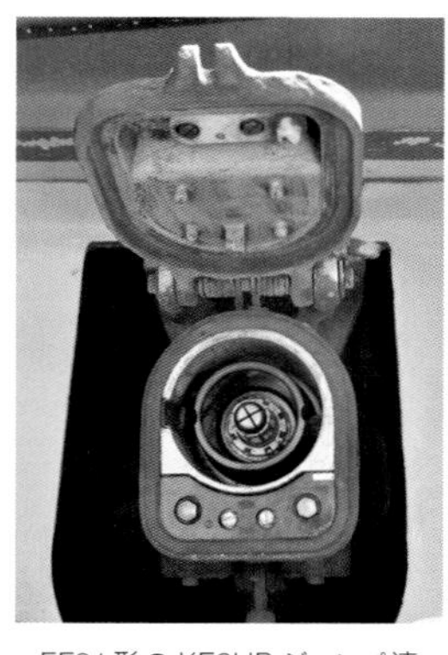
EF81形のKE3HBジャンパ連結器栓受け(参考)。中央部分が暖房回路の主接触部。これは改良型のB形で、差し込みやすいように主接触部が多少動きを許容する構造となった。誤挿入防止キー溝は300度の位置にあり、奥で右回り30度に曲がっている。

EF81形のKE3HBジャンパ連結器栓納め。単純に栓を保持するだけなので内部には何もない。誤挿入防止キー溝も270度の位置にあり直線形状。左下にあるのが補助回路の接点で、この部分が直接の接点ではなく、これを押し込むことで内部の接点が閉じる。

EF81形のKE3HBジャンパ連結器栓。主接触子は栓受けの接触子に被さるようになる。主接触部周囲と補助接点周囲の黒いものは絶縁物。栓は栓受けなどと同じくアルミ合金製で、誤挿入防止キーは60度の位置にある。下部の溝は落下防止バネを引っ掛ける溝。

EF81形のKE3HBジャンパ連結器栓納めに、栓を挿入途中で止めた状態。誤差込防止キーを栓納めに一致させて差し込む。蓋は開ききった状態で固定することができ、栓を完全に差し込むと、蓋の裏の突起が栓の突起にかかって外れるのを防ぐ。

空気ブレーキ装置

重連で運転することを前提とした設計のため、重連の先頭で単独ブレーキを扱った場合に、後部の機関車でもまったく同じように単独ブレーキが作用する「ツリアイ管式EL14AS空気ブレーキ」が採用された。

「E」は空気圧縮機の動力が電動であることを表し、「L」はLocomotiveの頭文字を取って機関車用、「14」はKE14ブレーキ弁と14番制御弁を使用していることを表している。このためELといっても電気機関車用というわけではない。それに続くアルファベットは仕様の違いを表している。

重連運転用に元空気ダメ引通管(MRP)が設けられていることから、万が一、元空気ダメ(MR)のエアを喪失することがあっても、ブレーキ機能を損なわないために、供給空気ダメ(SR)が設けられている。MRは空気圧縮機によって作られたエアを溜めておき、そこから逆止弁を通してSRへと流入する。これによって空気ブレーキを作用させるエアを確保している。

「ツリアイ管式」の釣合引通管(EQP)とは、前機で単独ブレーキが作用した際に、そのブレーキシリンダ圧力を次機のブレーキ制御弁の作用シリンダへと送り込み、制御弁を動作させて前機と同じ単独ブレーキを作用させるものだ。このような構造からEQPが損傷した場合にブレーキが作用しなくなる恐れがあるので、EQPにはMRのエアによるE1締切弁を設けてEQPのエアの漏出を防ぐ機構を備えている。

また、両運転台付き機関車なので前後にブレーキ弁が存在するが、その空気管経路が長くなることから制御弁には1番切換弁が設けられており、EQPを使用して重連運転を行うことから、空気管通路を切り換えるために2番切換弁も併設されている。この切換弁を操作するのはそれぞれの運転台ブレーキ弁架台に併設された切換コック丙で行う。

EQPを使用した重連で、前機と次機が1エンド–2エンドと同じ向きに連結されている時、前機の1エンドで運転する場合は、1エンドの切換コックを第1位置、2エンドは第2位置、次機の1エンドは第2位置、2エンドは第2位置とする。EQPを使用しない場合は次機の前側は第3位置とする。

重連運転で次機が非総括制御で1エンドで運転する場合も同様で、この場合、次機の運転台の操作で単独ブレーキは作用する。また連結する向きによっても切換コックの位置が異なり、間違った操作をするとノーブレーキとなる恐れもあるので、確実な操作と確認が必要である。

このように前後の運転台を交換したり、重連とするために機関車を連結した場合に、それぞれの運転台の切換弁の操作と確認を行うために乗務員が各運転台を往来する必要があり、いちいち運転台から降車していては安全性にも問題があることから、重連用電気機関車には貫通扉が設けられている。

重連運転を前にしたED75形1036号機＋1017号機。貫通扉を開け、2両の間を運転士が往来して点検をする。連結器の手前側では重連総括制御用のジャンパ連結器KE77が連結されている。左の1036号機と、1017号機の前面渡り板と、ステップの位置にも注目。郡山貨物ターミナル　2007年6月6日　写真／高橋政士

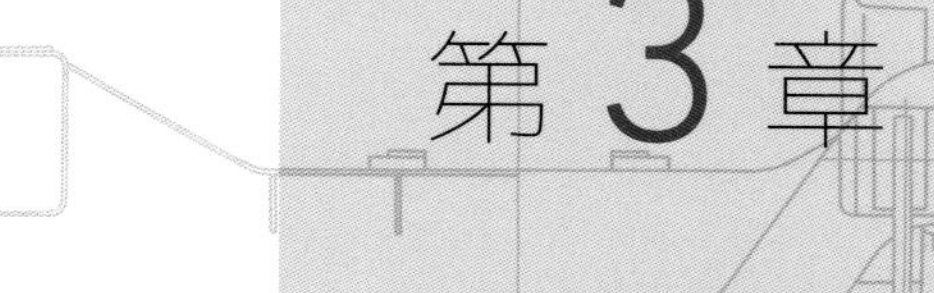

第3章

ED75形の番代

ED75形では東北地方向け標準仕様の0番代、高速列車対応の1000番代、九州向けの300番代、北海道向けで1両のみが試作的に製造された500番代、そして日本海縦貫線向けの700番代が製造されている。改造による番代変更は行われていない。第3章では、各番代や変更点について詳しく見ていく。

番代区分と仕様変更

大量に製造されたED75形では、5種の番代があるうえ、増備中の変更点も多い。
ここでは各番代について、特徴や仕様、増備中の変更内容を解説する。

0番代

0番代量産車は3～160号機の158両となる。しかし、番代変更を伴わない仕様変更があり、大きく3つのグループに分かれる。

3～49号機

1・2号機の試用結果を基に量産されたグループで、5次車まで分類される。タップ切換器は1号機の方式が採用されたが、車体構造は2号機のものを採用したため、外観は2号機に似ている。詳細は「仕様詳細」を参照いただきたい。

1次車の3～27号機は常磐線の勝田～平（現・いわき）間交流電化用で、ED75形1号機が製造された日立製作所がある地元ともいえる線区向けだ。27号機までは全車勝田電車区に配置された。常磐線の直流電化区間まで直通する列車の水戸以南はEF80形が牽引しており、ED75形は水戸～平間と、一部の列車では土浦まで牽引していた。

なお、3～18号機は日立製、19～27号機は三菱製となっているが、番号は登場順ではなく、メーカーに割り当てられたため、落成日と番号は一致していない。3号機の落成日は1964（昭和39）年9月25日、19号機は1964年9月26日となっている。

2次車の28～32号機は福島機関区に配置。ここで初めてED75形が東北本線を走行することになった。

3次車の33～39号機は盛岡電化開業を控えての増備と、新金線旧型電機置き換え用という名目で、2両が福島機関区に配置され、5両は勝田電車区に配置された。直流区間の新金線の置き換え用に交流電機とは摩訶不思議だが、ED75形を増備したことで捻出した交直流機のEF80形で、新金線の旧型電機を置き換えている。39号機が一時高崎運転所で保管されていたが1998（平成10）年に解体されている。

4次車の40～46号機の7両は盛岡電化開業に先立って初めて仙台運転所に配置された。以降86号機までの新製配置はすべて仙台運転所となっている。仙台に配置されたことにより、福島機関区のED71形に代わって特急「はくつる」の牽引を担当することとなり、ED75形で初めての特急仕業となった。

5次車の47～49号機は仙台～盛岡間の電化に備えての先行増備で、台車は基礎ブレーキ装置のブレーキ倍率が変更されたため、サフィックスがDT129G・Hに変更されている。

このグループは国鉄分割民営化直前に全車廃車されている。

仕様詳細

3～27号機

1次車

1964（昭和39）年度・早期債務
1963（昭和38）年5月の常磐線平電化用

1・2号機の試用結果を元に製造された量産車で、車体は2号機の方式が採用されたため、外観的には2号機とほぼ同じであるが、屋上機器ではパンタグラフ断路器が1基となったことから、パンタグラフ取付位置が若干中央割りになった。

特別高圧機器では空気遮断器（ABB）がCB103Aに、主整流器はRS22に、主幹制御器はMC109Aに変更。主変圧器冷却用電動送風機は端子箱取付位置を変更したMH3045-FK70Aとなった。

床下機器では界磁分流抵抗器の

MR64がMR70に変更され、機器室内に設置となったことから床下機器の外観も若干変化した。

28～32号機
2次車
1964(昭和39)年度・第2次民有車
黒磯～仙台間貨物列車増発用

■乗務員室腰掛が人間工学に基づいたものに変更された。
■助士席側にある信号炎管が車側寄りに取付位置が変更された。
■運転室側扉の踏段と、スノープロウの踏段の形状が若干変更された。
■前部標識灯の運転室内にある点検蓋通気口より光が漏れるため、通気口のないものに変更。

33～39号機
3次車
1964(昭和39)年度・第1次早期債務
盛岡電化開業および新金線置き換え用

2次車と同様である。

40～43号機
4次車
1964(昭和39)年度・第3次債務
黒磯～長町間列車増発対応用

乗務員室側扉の構造を変更。開閉用の取っ手の形状などが変わった。取り外し式屋根は機器の搬入を容易にするため、両端部分を拡大した。
■主幹制御器の移設や一部機器の改良が行われた。
■側梁にジャッキ受けを追加し、側梁の強化を図る。
■3位と1位運転室下の車体足点検の作業性向上のため、点検窓を追加。
■スカートの電気暖房用ジャンパ連結器周囲の切り欠きを広げ、作業性の向上を図った。
■運転室側窓下部の内部に補強を追加した。

44～46号機
4次車
1964(昭和39)年度・第3次債務

40～43号機と同じ4次車だが、運転室側面上部の水切りが、電気暖房用車側表示灯上部まで延長され、この部分へ雨水がかかることや、凍結を防ぐ構造とした。同時に屋上の雨ドイも車端部において左右をつなげ、ブレーキ時などに運転席前面窓に雨水が垂れるのを防いだ。

47～49号機
5次車
1965(昭和40)年度・第1次民有車
仙台～盛岡間電化先行製作

■ブレーキ倍率変更に伴って、台車がDT129A・BからDT129G・Hに変更となった。
■外観では大きな変化はない。

ED75形18号機
(1次車)
廃車後、原ノ町駅に留置されていた18号機。側面水切りが延長改造されている。主平滑リアクトル排気口にカバーが付けられた冬姿である。1989年　写真／高橋政士

ED75形32号機
(2次車)
新製されて間もない頃、スノープロウの代わりにATS車上子保護板を取り付けた夏姿の32号機。後部標識に折畳式赤色円盤がある。福島機関区　1965年5月　写真／辻阪昭浩

50〜100号機

6〜9次車に分類される。トンネル内のツララによる窓ガラスの破損を防ぐため、前面窓上部にツララ切りが設けられ、前面窓にはツララ除けの鉄柵が設けられたのが大きな特徴だ。しかし、東北本線では列車密度が高いため、トンネル内に列車の運行に支障が出るほどのツララは発生しないことが分かり、視界確保の点からツララ除けは早々に撤去され、最後まで取付ボルトの台座だけが残っていた。貫通扉にはヘッドマーク取付座が新製時から設けられている。

このグループから交流と直流の地上切換を行っている黒磯駅で、直流区間への冒進と異電圧切換の際に、主変圧器を保護するため、主変圧器に至る主回路に交流主ヒューズが設けられた。主変圧器の1次側は直流が流れると+−を短絡してしまうことになり、そうなると主変圧器は破壊されてしまう。主回路には空気遮断器（ABB）があるものの、これは交流電気の特性を生かして電流を遮断するもので、直流は遮断できないのでヒューズが設置された。

外観は長いガイシ状のものが横向きになっているもので、内部にはヒューズ線とそれを取り囲むように石灰粒が詰められている。ヒューズが溶断した際に発生するアークは、切れたヒューズ線がバネによって引っ込むと同時に、石灰粒がアークを冷却し消弧させている。49号機以前にも装備されることになり、東北本線のED75形の特徴の一つになっている。後述の300番代は直流冒進の恐れがないことからこのヒューズがない。

6次車の50〜68号機は1987（昭和62）年の国鉄分割民営化に際して、部品取り用として車籍はないもののJR貨物が承継した。

7次車の69〜83号機は1986（昭和61）年度内にいったん全車廃車され、国鉄清算事業団所有となっていたが、折からの好景気による貨物列車増発のため、74・76・80〜82号機がJR貨物で車籍復活した。

8次車の84〜99号機は耐寒耐雪対策として補助気笛としてAW-5を新たに設置したほか、主整流器冷却風を機器室内循環が可能なようにした。これは降雪時に側面エアフィルタが目詰まりし、機器室内の負圧が大きくなり、雪の侵入やエアフィルタの脱落の危険があるため、機器室内の過剰な負圧と温度の異常低下を防

ED75形52号機（6次車）

前面窓上のツララ切りが特徴の6次車。前面窓周囲にはツララ除けを取り付ける台座が残る。後部標識灯が大型のものになったのも特徴の一つ。一ノ関　写真／児島眞雄

ED75形0番代(1号機)

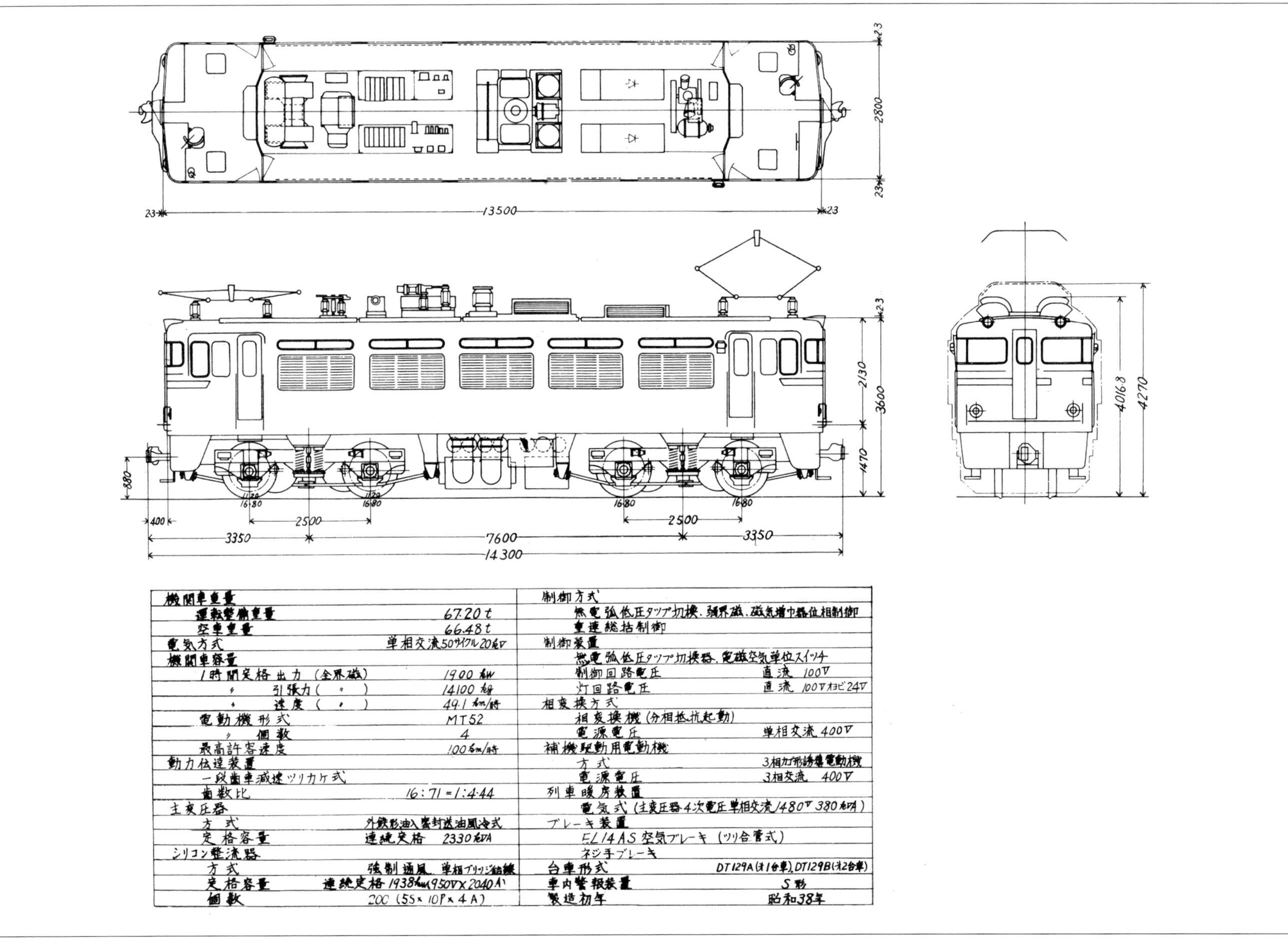

機関車重量		制御方式	
運転整備重量	67.20t	無電弧低圧タップ切換、弱界磁、磁気増巾器位相制御	
空車重量	66.48t	重連総括制御	
電気方式	単相交流50サイクル20kV	制御装置	
機関車容量		無電弧低圧タップ切換器、電磁空気単位スイッチ	
1時間定格出力（全界磁）	1900 kW	制御回路電圧	直流 100V
〃 引張力（〃）	14100 kg	灯回路電圧	直流 100Vオヨビ24V
〃 速度（〃）	49.1 km/時	相変換方式	
電動機形式	MT52	相変換機（分相抵抗起動）	
〃 個数	4	電源電圧	単相交流 400V
最高許容速度	100km/時	補機駆動用電動機	
動力伝達装置		方式	3相カゴ形誘導電動機
一段歯車減速ツリカケ式		電源電圧	3相交流 400V
歯数比	16:71=1:4.44	列車暖房装置	
主変圧器		電気式（主変圧器4次電圧単相交流1480V 380kVA）	
方式	外鉄形油入密封送油風冷式	ブレーキ装置	
定格容量	連続定格 2330kVA	EL14AS空気ブレーキ（ツリ合管式）	
シリコン整流器		ネジ手ブレーキ	
方式	強制通風 単相ブリッジ結線	台車形式	DT129A（第1台車）、DT129B（第2台車）
定格容量	連続定格 1938kW（950V×2040A）	車内警報装置	S形
個数	200（5S×10P×4A）	製造初年	昭和38年

ぐためであった。

なお、8次車は耐寒耐雪強化タイプであったため一部がJR貨物に承継され、85・87・89号機が1988(昭和63)年度になってからJR貨物で車籍復活している。85号機は最後に残った最若番。98号機は比較的原形を保っていたことで、ファンから「クッパ大王」と呼ばれ人気だった

9次車は100号機の1両のみ。ツララ切りが付いたグループのラストナンバーとなる。ファンには番号から「ダスキン」と呼ばれていた。

仕様詳細

50〜68号機
6次車

1965(昭和40)年度・第2次民有車
仙台〜盛岡間電化開業用、および、黒磯〜長町間完全無煙化用

盛岡〜青森間の電化に備えて、トンネル内での氷柱に衝突して窓ガラスを破損しないように、前面窓上部にツララ切りと、窓ガラス前面にツララ除けを設けた。

61号機と65号機以降は運転室まわりの前面窓下外板をt2.3からt3.2へと厚いものに変更。前面強化を図った。

側面エアフィルタは油を染みこませて使用するので、点検作業時の作業服の汚れを防ぐため、通路側を金網に変更した。

■後部標識の赤色円盤廃止に伴い、後部標識灯を大型のものに変更。
■特急列車牽引に備えて、貫通扉にヘッドマーク取付座を新設。
■黒磯駅での直流冒進および、異電圧切換時の主変圧器保護用に交流主ヒューズを新たに屋上に設置。
■運転室側窓を解放したまま固定できるように改良。

69〜83号機
7次車

1965(昭和40)年度・第2次債務
仙台〜盛岡間電化開業用、および、黒磯〜長町間完全無煙化用

このグループの77・78号機がED75形で初めての東芝製となった。

ED75形85号機(8次車)

通称「土崎色」と呼ばれた若干明るい赤色をまとう85号機。床下の主平滑リアクトル排気口の上に元空気ダメなどが設置されている。2005年10月2日　宮城野　写真／高橋政士

84～99号機
8次車

1966(昭和41)年度・第2次債務
仙台～盛岡間電化開業用、および、青函増発用

凍結に備えて従来の気笛のAW-2に加えて、電車用と同じタイフォンのAW-5を増設。運転台上部に設置された防雪用の箱に収められている。(既存のものには取付改造が行われなかった)
■主整流器冷却風の機器室内循環が可能なように風道を変更。
■砂撒き管にヒータを設置。
■側面エアフィルタが雪で目詰まりした時に、周囲から雪が侵入しないように取付方法を強化。
■運転室床を木製からリノリウム張りとした。

100号機
9次車

1966(昭和41)年度・第2次本予算
仙台～盛岡間電化開業用、および、青函増発用

ED75形98号機(8次車)
8次車の98号機の屋上を1エンド寄りから見る。2位の運転台上にある箱にAW5を収める。パンタグラフ後方のマクラギ方向に設置された棒状のものが交流主ヒューズ。好摩
2004年6月22日　写真／高橋政士

101～160号機

10～13次車に分類される。10次車は101～127号機で、常磐線全線電化開業用として全車が長町機関区に新製配置された。青森電化開業を見据えて、これまで得られた知見により耐寒耐雪装備が一段と強化されたグループだ。

外観で特徴的なのは床下機器だ。3-1側の主平滑リアクトル冷却風排気口は、箱形のカバーに覆われた形状となり、冬期間冷却風を循環利用する際は、排気口に蓋を取り付ける。また、その3位側には空制機器保温箱が設けられた。これは空気ブレーキなどに関するコックなどが収められていて、下部にはヒータが設置されて凍結しないように保温するためにある。パンタグラフも耐寒耐雪対策を強化したPS101Bに変更された。

ジャンパ連結器も新設計で、脱落防止機構が締め付け腕方式となり、凍結防止用にヒータが内蔵されたKE77Aとなった。KE63とは互換性があるが、100号機以前のものもKE77Aに交換が進んだ。また、電気暖房用のKE3も凍結防止ヒータ付きのKE3Hに変更されている。

これらジャンパ連結器のあるスカートの形状も変更され、100号機までは周囲が丸められた凝った形状をしていたが、工程簡略化のため、周囲が断ち切られたようなシンプルな形状となった。

11次車は128〜131号機。10次車とほぼ同じ仕様だが、主電動機冷却ファンをシロッコファンからターボファンに変更して騒音の低減を図っている。国鉄分割民営化時には10・11次車とも、全車JR貨物に承継されている。

12次車は132〜146号機で、ヨンサントオダイヤ改正の盛岡〜青森間電化開業用である。パンタグラフはさらに耐寒耐雪対策を施したのPS101Cとなった。

なお、PS101BはPS101に対して、下げ操作時のカギの掛かりをよくするためカギを長くしている。また、下げシリンダの絞り弁が凍結によって動作不良を起こすため、機器室内に移設した上でヒータ付きとしている。当初、積雪・凍結対策で主バネ下げシリンダ、カギ装置など全体をカバーで覆っていたが、PS101と同じく主バネのみのカバーに変更されている。

PS101CはPS101Bにさらに改良を施したもので、カギ装置の掛かり方を改善したほか、自然上昇を防止するためカギ装置の鎖錠装置を二重化するなどしている。なお、PS101Aは500番代用である。

主電動機はMT52からMT52Aに変更されている。整備時の作業性向上のために主電動機口出し線に中継用端子箱を設けたもので、大きな変更点はない。

12次車は146号機がJR東日本に承継されたほかは、全車JR貨物に承継された。

13次車は0番代のラストグループで147〜160号機となる。主電動機電機子に改良が施されたが、それ以外の変更点はない。全車JR東日本に承継された。

仕様詳細

101〜127号機

10次車

1966(昭和41)年度・第2次債務

平〜岩沼間電化用

6〜9次車で設けられたツララ切りとツララ除けは、列車密度の高い東北本線では必要ないことから設けないこととした。

雨ドイ用水抜き管(縦ドイ)は屋根肩のRに沿って設けられていたが、水抜きと清掃をしやすくするため直管に変更した。このため乗務員室寄り車体中央寄りの水抜き管にかけて案内を設け、雨ドイの形状が変わった。

■スノープロウ踏段を安全性向上のため幅を350mm→450mmに拡大。

■重連総括制御用ジャンパ連結器がKE63からヒータ付きKE77Aへ変更になり、栓納めが必要となったため、機関士側の渡り板を分割してそこに栓納めを追加した。

■磁気増幅器制御装置をバックアップ回路付きとした。

■取り外し式屋根の取付ボルト間隔を300mm→400mmへ変更。

■主平滑リアクトル冷却風の機器室内循環が可能なように風道を変更。

■主電動機たわみ風道を固定式から摺動式たわみ風道に変更して、車体分離の際の作業性を改善した。なお、1016号機からは雪害対策として再び固定式に戻されている。

■強化型自動連結器を採用。同時にゴム緩衝器の容量増大を目的として、RD2型からRD12型に変更した。

■運転室騒音低減のため仕切扉は二重とし、機器室側壁面に貼られているポリウレタンフォームの防音材の厚さを、t15からt30に変更した。

■元空気ダメドレン管をサイフォン式に変更した。

128〜131号機

11次車

1967(昭和42)年度・本予算

平〜岩沼間電化用

騒音対策のため主電動機送風機をターボブロア型(MH3058-FK92A)に変更し、風道に直接取り付ける形状に変更した。(311・1001号機も同様)

132〜146号機

12次車

1967(昭和42)年度・第2次債務

盛岡〜青森間電化開業用

屋上ランボードは、木製から鋼板上に滑り止めの付いた塩化ビニル屋根布を張るものに変更した。

■スノープロウ踏段を安全性向上のため101号機から350mm→450mmに拡大したが、1000番代に合わ

ED75形101号機(10次車)

10次車で唯一JR東日本に承継された101号機。1969年8月にお召列車も牽引している。ツララ切りがなくなりスカートの形状が変化した。福島機関区 1988年3月
写真／長谷川智紀

ED75形111号機(10次車)

JR貨物に承継された111号機。101号機とは反対側の3-1側の写真で、空制機器保温箱が追加され、主平滑リアクトル排気口の形状が変わった。排気口に蓋が取り付けられた冬姿。郡山貨物ターミナル 2008年3月13日
写真／高橋政士

ED75形140号機(12次車)

JR貨物に承継され更新色となった140号機。新製時からランボードは鋼板製になっており、取付座や厚みが異なる。運転室側窓のアルミサッシ化は国鉄時代には施工済み。翁島 2004年12月22日 写真／高橋政士

せて幅を390mmとし、取り付け高さを100mm低くした。

■61・65号機以降では前面外板を厚くしたが、さらに前面強化するため、50×50×5mmのアングル材を井桁に組んだ補強を追加した。

■136号機からは軽量化のため機器室内側廊下をアルミ縞板に変更した。

147〜160号機

13次車

1966(昭和41)年度・第3次債務
盛岡〜青森間電化開業用

300番代

鹿児島本線増発用名義で301～310号機が製造された。60Hz用に一部の機器を変更しているが、ED75形は元々60Hz地域での使用を考慮していたので大きな変更点はない。50Hz用0番代4次車の40～46号機と同じ仕様となっているが、省略できる耐寒耐雪装備は省略している。パンタグラフはPS101だが、主バネの防雪カバーはなく、スノープロウも装着されずに、ATS車上子保護板が設けられ、前面窓にはデフロスタがないなど趣が異なっている。

九州地区では電気暖房は使用しないが、電気暖房用車側表示灯とKE3ジャンパ連結器は装備している。しかし、主変圧器の4次側巻線は存在するものの接続はされていない。SGがないため主に貨物列車用として使用されたが、10000系高速貨車の運用開始に際して、電磁ブレーキ用のKE72ジャンパ連結器の取付改造が行われた。

311号機は高速貨物列車増発用に追加製造されたもので、0番代の132号機以降に相当するが、高速貨車用の電磁ブレーキや増圧ブレーキを持つなど、仕様的には1000番代に近いものだ。

寝台特急牽引の実績もあるが、並行して製造していたSG付きのED76形を増備した方が効率がよいので、300番代はわずか11両の製造に留まり、国鉄分割民営化時にはJR九州には承継されず、全車廃車となった。

仕様詳細

301～310号機

1964(昭和39)年度・第5次債務
鹿児島本線増発用

40～46号機と同じく3位と1位運転室下の車体足点検の作業性向上のため、点検窓を追加した。

311号機

1967(昭和42)年度・第2次債務
鹿児島本線増発用

騒音対策のため主電動機送風機をターボブロア型に変更し、風道に直接取り付ける形状に変更した。

61・65号機以降では前面外板を厚くしたが、さらに前面強化するため、50×50×5mmのアングル材を井桁に組んだ補強を追加した。

ED75形301号機

特急「みずほ」を牽引する307号機。電磁自動空気ブレーキを追加している。降雪地域ではないのでスノープロウは装備しない。屋上の交流主ヒューズがないのも特徴。博多　1985年8月　写真／中村 忠

ED75形300番代

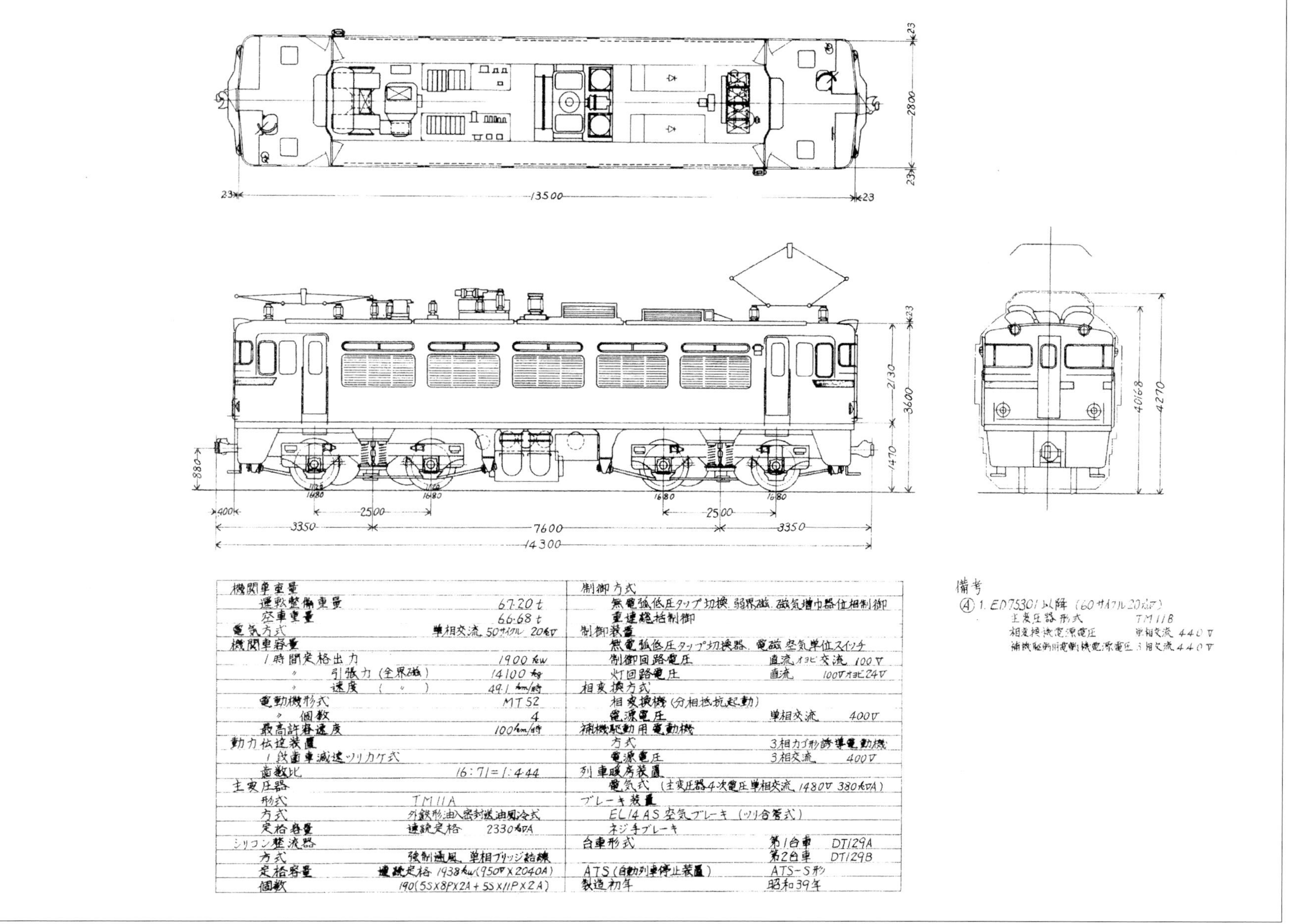

機関車重量	
運転整備重量	67.20 t
空車重量	66.68 t
電気方式	単相交流 50サイクル 20kV
機関車容量	
1時間定格出力	1900 kW
〃 引張力（全界磁）	14100 kg
〃 速度（〃）	49.1 km/時
電動機形式	MT52
〃 個数	4
最高許容速度	100km/時
動力伝達装置	
1段歯車減速ツリカケ式	
歯数比	16:71=1:4.44
主変圧器	
形式	TM11A
方式	外鉄形油入密封送油風冷式
定格容量	連続定格　2330kVA
シリコン整流器	
方式	強制通風、単相ブリッジ結線
定格容量	連続定格 1938kW(950V×2040A)
個数	190(5S×8P×2A＋5S×11P×2A)

制御方式	
無電弧低圧タップ切換、弱界磁、磁気増巾器位相制御	
重連総括制御	
制御装置	
無電弧低圧タップ切換器、電磁空気単位スイッチ	
制御回路電圧	直流オヨビ交流 100V
灯回路電圧	直流 100Vオヨビ24V
相変換方式	
相変換機（分相抵抗起動）	
電源電圧	単相交流 400V
補機駆動用電動機	
方式	3相カゴ形誘導電動機
電源電圧	3相交流 400V
列車暖房装置	
電気式（主変圧器4次電圧単相交流 1480V 380kVA）	
ブレーキ装置	
EL14AS空気ブレーキ（ツリ合管式）	
ネジ手ブレーキ	
台車形式	第1台車 DT129A
	第2台車 DT129B
ATS（自動列車停止装置）	ATS-S形
製造初年	昭和39年

備考

Ⓐ 1. ED75301以降（60サイクル20kV）
主変圧器形式　TM11B
相変換機電源電圧　単相交流 440V
補機駆動用電動機電源電圧　3相交流 440V

500番代

北海道電化用の試作車として三菱で製造された。1964(昭和39)年11月から試作の1・2号機の主磁気増幅器をサイリスタに置き換えて試験を行っていたが、この試験結果を基にサイリスタ位相制御を全面的に採用した試作車のED93形が1965(昭和40)年11月に登場した。さらに1968(昭和43)年の函館本線小樽～旭川間の交流電化に備えて、501号機が1966(昭和41)年9月に登場した。

制御方式が低圧タップ制御と磁気増幅器の組み合わせではなく、無接点の全サイリスタ位相制御になっていることから、本来は別形式になってもよいところだが、性能的にはED75形と同等なので、無闇に形式を増やさずにED75形500番代としたのかもしれない。車体も300mm長くなっている。500番代の登場によって、磁気増幅器を使用する0番代をM型、当時SCRと呼ばれたサイリスタを使用する500番代をS型と分類するようになった。

屋上機器は雪害対策としてパンタグラフと高圧導体と、それを支えるガイシ以外を機器室内に収めており、後の700番代の先駆けとなるような屋上機器の配置となった。パンタグラフは耐寒耐雪構造を強化したPS101Aで、下げシリンダの凍結を防ぐためヒータを内蔵した。電源には補助回路を用いるが、万が一ヒータ回路とパンタグラフの主回路がショートした場合、補助回路に交流20,000Vが流れて非常に危険なため、回路を絶縁する巻線比1:1の絶縁変圧器を運転室上に搭載。それを収める大型のガイシが独特のスタイルを醸し出す。

サイリスタ位相制御になるため、2次側巻線が4分割され、さらに機器室内に特別高圧機器搭載のスペースを作り出すため、主変圧器は背の低いTM12に変更となった。500番代では電気暖房は使用しないが、将来のサイリスタ位相制御機への採用を見込んで4次巻線がある。実際に改良型のTM12AがED77形、TM12BがED78形に採用された。

冷却用の電動送風機はMH3045-FK70Bで、凍結防止用にヒータを内蔵した。また、主平滑リアクトルの冷却方式が変更され、従来は機器室内から吸い込み、床下から排気していたが、冬期間は機器室内に循環できるようにされた。この改良は0番代へも波及した。主幹制御器は全サイリスタ位相制御となるため、MC111に変更された。

仕様詳細

501号機

1965(昭和40)年度・
第2次債務
北海道電化用

ED75形501号機

パンタグラフをPS102とした後の501号機。主平滑リアクトル冷却風の機器室内循環や空制機器保温箱など、501号機で採用されたものは101号機以降に応用されていった。電気暖房を持たないため、スカートの雰囲気が違う。岩見沢第二機関区
写真／PIXTA

ED75形500番代

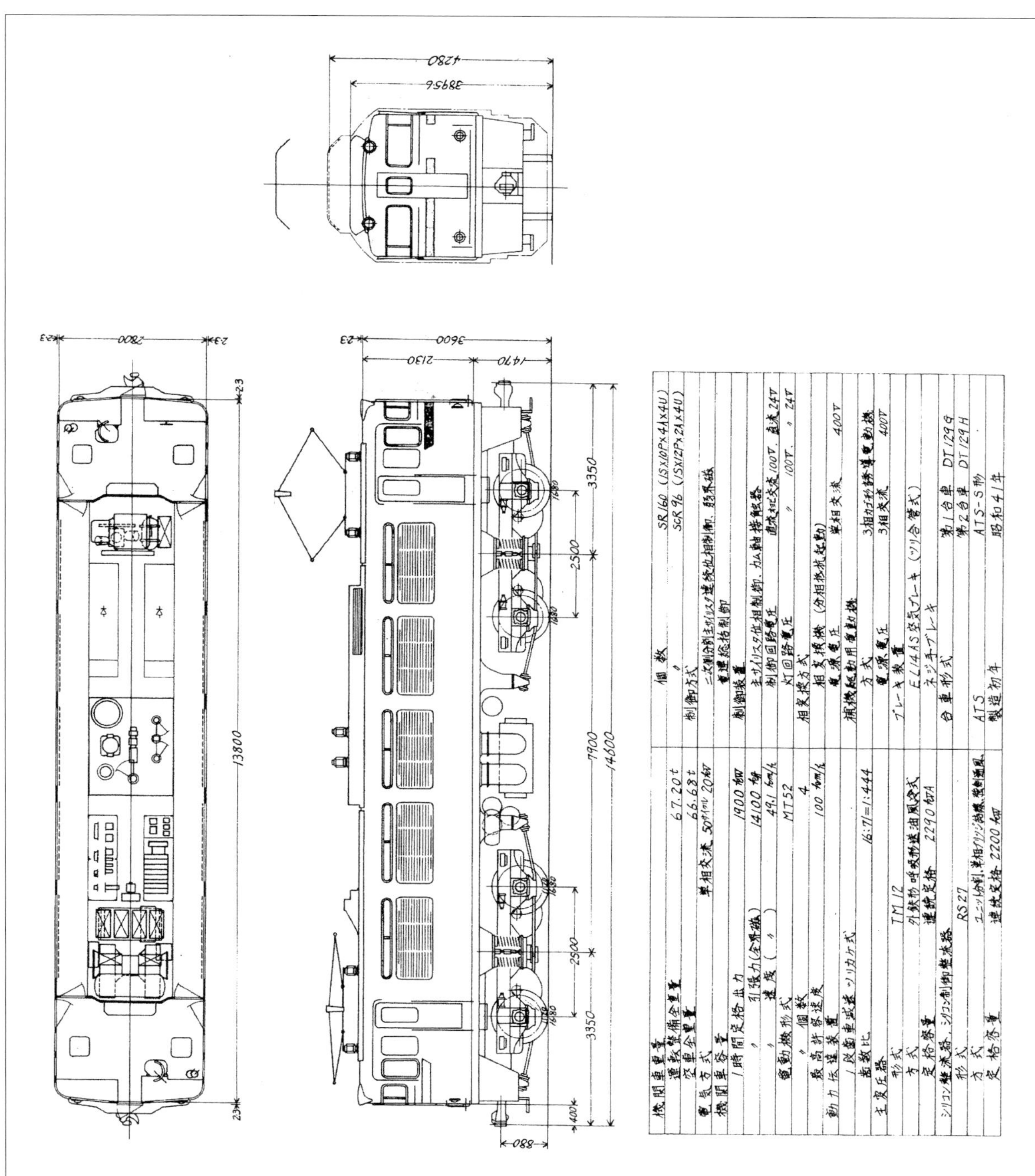

機関車重量	
運転整備全重量	67.20t
空車全重量	66.68t
電気方式	単相交流 50サイクル 20kV
機関車容量	
1時間定格出力	1900kW
〃 引張力(全界磁)	14100kg
〃 速度(〃)	49.1km/h
電動機形式	MT52
〃 個数	4
最高許容速度	100km/h
動力伝達装置	
1段歯車減速ツリカケ式	
歯数比	16:71=1:4.44
主変圧器	
形式	TM12
方式	外鉄形 送油風冷式
定格容量	連続定格 2290kVA
シリコン整流器, シリコン制御整流器	
形式	RS27
方式	ユニット分割, 単相ブリッジ結線, 強制通風
定格容量	連続定格 2200kW

個数	SR160 (1S×10P×4A×4U)
〃	SCR96 (1S×12P×2A×4U)
制御方式	
二次側分割主サイリスタ連続位相制御, 弱界磁	
重連総括制御	
制御装置	
主サイリスタ位相制御, カム軸接触器	
制御回路電圧	直流相当交流 100V, 直流 24V
灯回路電圧	〃 100V, 〃 24V
相変換方式	
相変換機 (分相抵抗起動)	
電源電圧	単相交流 400V
補機駆動用電動機	
方式	3相カゴ形誘導電動機
電源電圧	3相交流 400V
ブレーキ装置	
EL14AS空気ブレーキ (ツリ合管式)	
ネジ手ブレーキ	
台車形式	第1台車 DT129G
	第2台車 DT129H
ATS	ATS-S形
製造初年	昭和41年

新製直後は東北本線で試験を行ったあと、銭函～手稲間の試験線で試験を行ったが、この当時の技術では誘導障害を克服できず、同時に客車列車暖房用に蒸気発生装置(SG)を搭載した機関車が必要で、量産は制御方式を変更して大容量のSGを搭載したED76形500番代となったため、試作の1両のみの存在となった。

その後、パンタグラフをED76形500番代と同じ下枠交差型として、絶縁変圧器を撤去するなど量産化改造を受けたが、誘導障害の問題で札幌市内には入線できず、もっぱら岩見沢～旭川間の貨物列車に使われ、国鉄分割民営化直前に廃車となった。

1000番代

東北本線・常磐線で10000系高速貨車と20系寝台客車牽引用に、対応する応速度増圧ブレーキ(コラム1)、電磁ブレーキ制御(コラム2)などの機能を持ったグループである。基本性能は0番代と変わりはなく、同時期に製造された0番代12次車に新たな機能を付加したものである。

20系寝台客車牽引用装備を持っていることから0番代のM型に対して、1000番代はP型と呼ばれるが、元々ED75形は客貨両用機であるため、PassengerのPではなく、増圧ブレーキを意味するPower brakeのPを意味するともいわれる。

スカート部分には電磁ブレーキ制御回路のジャンパ連結器KE72Hと、20系に使用される連絡電話用のKE59Hが新たに増設されており、この部分のスカートの切り欠き形状が変化するなど、0番代とは印象が異なる。

1000番代は1〜8次車に分類される。1次車は1001〜1015号機で、前述のように0番代12次車132〜146号機に対応したグループだ。外観はスカート部分が異なるほかは0番代12次車と同じである。いずれも1968(昭和43)年5〜8月に落成しているが、早期に落成した1001〜1003号機は盛岡機関区、1004〜1015号機は青森機関区に新製配置された。ヨンサントオダイヤ改正時にはすべて青森機関区の配置となった。1003号機が1983(昭和58)年に事故廃車になったほかは、全車JR貨物に承継されている。

2次車は1016〜1019号機で、外観上の大きな変化は、前面窓が熱線入りとなったことで枠状のデフロスタが廃止され、同時に窓拭き器(ワイパ)が強化タイプのWP50に変更された。デフロスタが廃止されたことで、新製時は目立つ存在だったと推測される。熱線入りガラスはその後、既存のED75形にも波及していった。1018号機が国鉄分割民営化直前に廃車になり、そのほかはJR貨物に承継された。

3次車は1020〜1022号機で、外観は2次車に対して前面渡り板が薄い一枚板に変更され、印象が変わった。このほかデッドマン(EB)装置と緊急列車防護(TE)装置、記録式速度計などが新たに設けられている。3両がそれぞれ日立・東芝・三菱で製造され、1020号機は1000番代で最後の日立製となった。全車がJR貨物に承継されている。

4次車は1023〜1025号機で、3次車と同様である。4次車投入時点で1970(昭和45)年7月から運転が開始された20系による寝台特急「あけぼの」の黒磯〜福島間の牽引を担当するようになった。

5次車は1026〜1029号機で、3次車からやや製造期間が開いて700番代の製造も始まっていたことから、これに合わせるように仕様が変更され、4次車までに比べて外観に変化が出ている。前面で目立つのは通風口が廃止されたことだ。同時に運転室に扇風機が設けられている。

COLUMN ❶

応速度増圧ブレーキ

応速度増圧ブレーキは、ED75形では従来の「14番制御弁乙」を改良し、新たに増圧電磁弁と増圧ピストン、容量1Lの緩衝空気ダメを追加したものが採用され、形式は電磁弁付きであることを示すEが追加された「14番E制御弁乙」となった。

このブレーキ装置は、速度検出器があらかじめ設定された速度以上(およそ40〜50km/h)になると増圧電磁弁を励磁(ON)させ、制御弁で増圧シリンダにエアを送り、作用ピストンをさらに押し込む増圧作用を行うことで、ブレーキシリンダ圧力を通常の450kPaから650kPaとして大きなブレーキ力を得ている。

設定された速度以下なると速度検出器からの増圧司令がなくなり、増圧電磁弁が消磁(OFF)され、増圧シリンダのエアが抜けることで通常のブレーキシリンダ圧力に復帰する。ブレーキ力の変化が急激にならないように、緩衝空気ダメが設けられている。

ナンバーもそれまでの車体に直接取り付ける方式から、台座にナンバーを取り付けて、それを車体に設けられた台座にボルト締めするブロック式ナンバープレートに変更されている。さらに異種金属の溶接による外板腐食を防止するため、前面飾り帯を普通鋼板として、銀色塗装に変更している。後部標識灯も大型の内バメ式のものから、電球交換を外側から行う外バメ式に変更。これらの変更点により前面外観はすっきりとした印象になっている。

電気暖房用車側表示灯も従来の電球外側交換タイプから、機器室内から電球交換が可能なものとなった。これは前後別々の電球が入っているため、表示灯位置が前後で異なる大型タイプとなっている。1029号機が三菱製の最後の1000番代となった。全車がJR貨物に承継されている。

6次車は1030～1035号機。5次車と同じ仕様となっている。1000番代は1030号機以降はすべて東芝製となった。1030～1032号機がJR貨物に、1033～1035号機がJR東日本に承継されたが、後に1033・1034号機はJR貨物に譲渡されている。

7次車は1036・1037号機の2両。電気暖房用車側表示灯が運転室からの見通し改善のため、縦型で大型のものから、小型のものに変更となった。外観上での変化はこれぐらいで、2両ともJR東日本に承継されたが、1036号機はその後JR貨物に譲渡されている。

8次車は1038・1039号機の2両。ED71形の試作車である1・3号機(ED71形2号機はすでに事故廃車)の廃車補充用に製造されたもので、7次車と同仕様である。1976(昭和51)年11月に落成したが、すでに700番代も同年8月には製造を終えたので、1039号機は302両が製造された最後のED75形となった。2両ともJR東日本に承継され、後に1039号機がJR貨物に譲渡された。1039号機は2011(平成23)年3月11日に発生した東日本大震災の津波を受けて被災し、現地で解体された。

ED75形1010号機(1次車)

1000番代はスカート部分にKE59、KE72ジャンパ連結器が追加されており、0番代との外観の違いになっている。写真はJR貨物新更新色となった1010号機で、更新時に電気暖房用車側表示灯は撤去されている。郡山貨物ターミナル　2007年4月10日　写真／高橋政士

仕様詳細

1001〜1015号機

1次車

1967(昭和42)年度・第2次債務
盛岡〜青森間電化開業用

20系寝台客車、10000系高速貨車牽引用として、電磁ブレーキ制御用のKE72(9芯)ジャンパ連結器栓受けと、20系寝台客車との連絡電話用にKE59(19芯)ジャンパ連結器栓受けを追加、この部分のスカートの切り欠き部分が広くなっている。

■KE72ジャンパ連結器栓受けの追加に伴い、ジャンパ連結器が干渉するため、スノープロウ踏段の幅を400mm→390mmとし、取り付け高さを100mm下げている。

■屋上ランボードは、木製から鋼板上に滑り止めの付いた塩化ビニル屋根布を張るものに変更。

■強化型自動連結器を採用。同時にゴム緩衝器の容量増大を目的として、RD2からRD12に変更。

■同時期に製造された128〜131号機と同じく、騒音対策のため主電動機送風機をターボブロア型に変更し、風道に直接取り付ける形状とした。

■元空気ダメドレン管をサイフォン式に変更。

■61・65号機以降では前面外板を厚くしたが、さらに前面強化するため、50×50×5mmのアングル材を井桁に組んだ補強を追加。

■運転室機器室側の吸音材を防炎処理されたポリウレタンフォームに変更。

■軽量化のため機器室内側廊下をアルミ縞板に変更。

1016〜1019号機

2次車

1968(昭和43)年度・第5次債務
東北本線・常磐線増備用

運転室前面ガラスはデフロスタに代わり、熱線入りのものに変更し視界を広くした。また、窓拭き器(ワイパ)をWP35から強化タイプのWP50に変更した。

■主幹制御器はTC(Tap Changer=タップ切換器)、MA(Magnetic Amplifier=磁気増幅器)パターン発生器を油侵式としたMC109Dに変更された。

■運転室の気密性を改善するため、貫通扉当たりゴムを変更。これにより貫通扉外形寸法は20mm拡大された。

■自動連結器緩衝器枠の材質を変更。

■運転室側扉の踏段と、スノープロウの踏段は材料の入手困難と強化を兼ねて平板の溶接構造に変更。

■屋上ランボードの塩化ビニル屋根布は、押え板でボルト締めするものからクリックリベットによる固定方法に変更。

■仕業検査時の作業性向上のため、前部標識灯の運転室内のカバーに点検用の穴を開けた。

■電動空気圧縮機の電動機を小型軽量タイプのMH3064に変更。

■主電動機たわみ風道は雪害対策のため101号機の摺動式から固定式に戻された。材質はこれまでの牛革からナイロンターポリンに変更。

COLUMN 2

電磁自動空気ブレーキ

20系寝台客車や10000系貨車用の電磁自動空気ブレーキ制御は、電空帰還器を設け、ブレーキ弁にあるツリ合イ空気ダメ圧力とブレーキ管圧力の差圧を検知して客貨車側へ電磁ブレーキの指令を出すものである。

自動空気ブレーキはブレーキ管(BP)の減圧を行うことで編成全体にブレーキを作用させるが、編成全体につながれるBPの長さが変わると減圧時間が異なるため、編成の長短によってブレーキ弁の操作が異なってしまう。そこでブレーキ弁に直結する形で小型のツリ合イ空気ダメ(EQ)を設け、ブレーキ弁はEQを減圧し、EQ圧力とBP圧力が釣り合うまでブレーキ弁内の作用によって減圧させる。こうすることで編成長にかかわらずブレーキ弁の取り扱いをほぼ一定としている。

電空帰還器は、EQ圧力がBPより低い場合は客貨車側の常用ブレーキ電磁弁(SV)に指令を送り客貨車側でもBPを減圧することで、ブレーキ作用を早めている。EQとBP圧力が等しくなるとブレーキ指令はOFFとなる。ブレーキ緩解時にはEQ圧力がBPより高くなるので、それを検知して客貨車の緩め電磁弁(RV)に指令を送り、客貨車側でもBPの増圧を行うことでブレーキの緩解を早くする仕組みとなっている。

客貨車側でもBPの増圧を行うことから、空気バネのエア源も兼ねて元空気ダメ引通管(MRP)が必要になる。同時に元空気ダメ(MR)圧力を高くしたことから、従来機も同じ設定に変更している。

ED75形1000番代

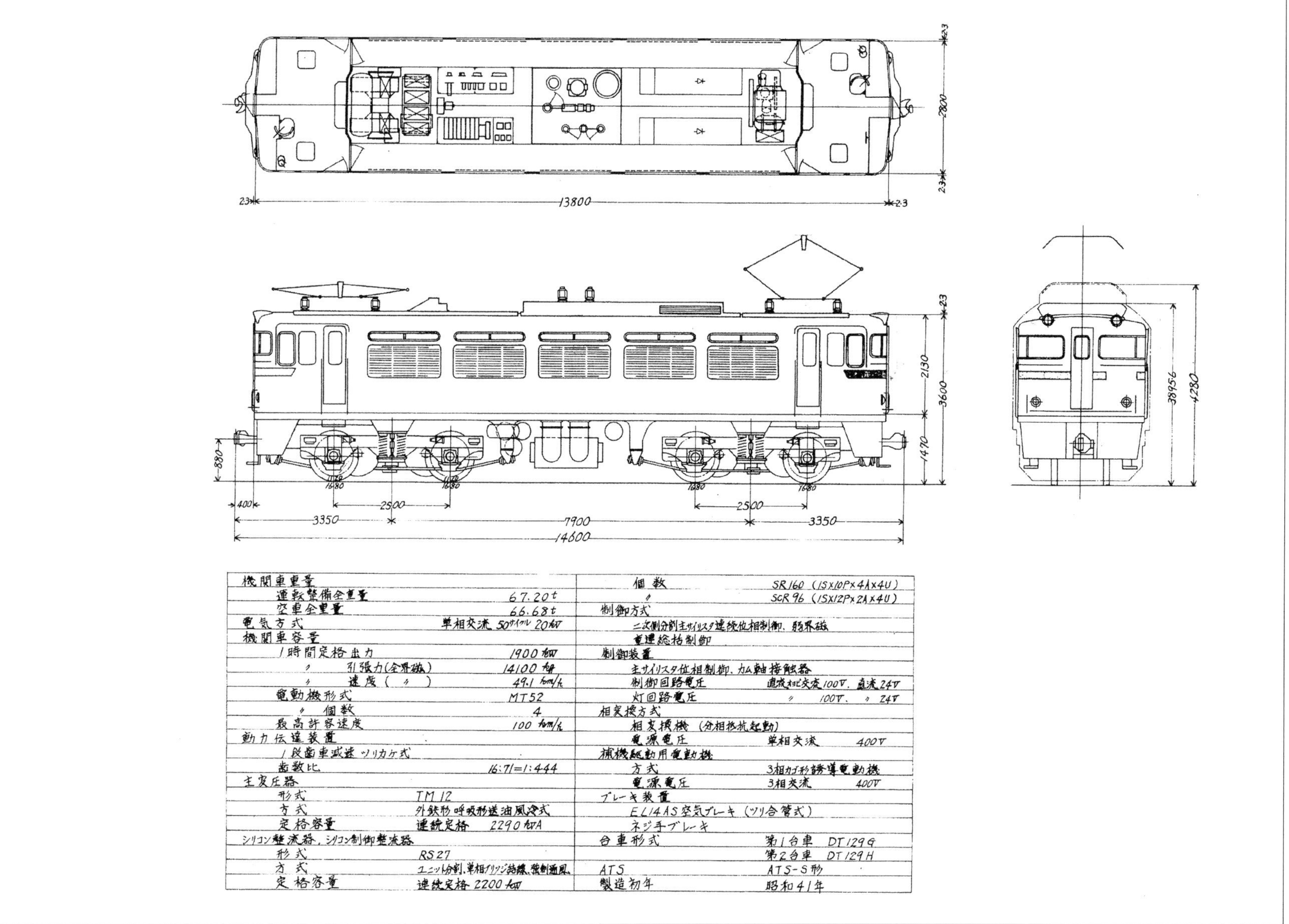

機関車重量		個数	SR160 (1S×10P×4A×4U)
運転整備全重量	67.20t	〃	SCR96 (1S×12P×2A×4U)
空車全重量	66.68t	制御方式	
電気方式	単相交流 50サイクル 20kV	二次側分割主サイリスタ連続位相制御，弱界磁	
機関車容量		重連総括制御	
1時間定格出力	1900kW	制御装置	
〃 引張力（全界磁）	14100kg	主サイリスタ位相制御，カム軸接触器	
〃 速度（〃）	49.1km/h	制御回路電圧	直流および交流100V，直流24V
電動機形式	MT52	灯回路電圧	〃 100V，〃 24V
〃 個数	4	相変換方式	
最高許容速度	100km/h	相変換機（分相抵抗起動）	
動力伝達装置		電源電圧	単相交流 400V
1段歯車減速 ツリカケ式		補機駆動用電動機	
歯数比	16:71=1:4.44	方式	3相カゴ形誘導電動機
主変圧器		電源電圧	3相交流 400V
形式	TM12	ブレーキ装置	
方式	外鉄形 呼吸形送油風冷式	EL14AS空気ブレーキ（ツリ合管式）	
定格容量	連続定格 2290kVA	ネジ手ブレーキ	
シリコン整流器，シリコン制御整流器		台車形式	第1台車 DT129G
形式	RS27		第2台車 DT129H
方式	ユニット分割，単相ブリッジ結線，強制通風	ATS	ATS-S形
定格容量	連続定格 2200kW	製造初年	昭和41年

1020〜1022号機
3次車

1969(昭和44)年度・民有車
東北本線・常磐線増備用

前面渡り板を1枚板に簡略化し、全幅も2,100mmに変更した。

■1人乗務用にEB装置などを新たに設け、ブレーキ弁を対応したKE14A WEBに変更。これ以前のものについても1971(昭和46)年度特修費工事で施工された。

1023〜1025号機
4次車

1969(昭和44)年度・第2次債務
東北本線・常磐線増備用

3次車と同様である。

1026〜1029号機
5次車

1973(昭和48)年度・第1次民有車
東北本線・常磐線増備用

前面飾り帯をステンレス鋼板から車体と同じ普通鋼板のものに変更し、銀色塗装とした。これは700番代5次車の760号機以降や、EF81形75号機以降と同様である。

■機関車番号を車体取り付けから、ブロック式ナンバープレートに変更。

■運転室の気密性向上のため、前面にあった通風口を廃止。運転室上部に新たに扇風機を設置。

■電気暖房用車側表示灯の電球交換に際し、従来は車体外側から交換するものであったが、作業性を改善するため機器室側から交換できるものに変更。

■タップ切換器をLTC-3からLTC-3Aに変更。

■スノープロウの取付方法を700番代と同様とし、引張箱下板を大型化、同時に補強を追加。

■強化型手歯止めの採用にあたり、手歯止め受けが大型のものに変更になったので、取付位置を台車から車体台枠下部に変更。

■運転室内主電動機点検蓋を、走行中の風圧による浮き上がりを防ぐためボルト締めに変更。

■メートルねじを採用。

1030〜1035号機
6次車

1973(昭和48)年度・第3次民有車
東北本線・常磐線増備用

主平滑リアクトル取付部分の台枠

ED75形1028号機(5次車)

5次車からは20系連絡電話用のKE59ジャンパ連結器がなくなったため、スカート部分の切り欠きが変更になった。「ED75」のロゴに加え、展示用にお召機風の整備を受けた1028号機。
宮城野　2008年10月5日　写真／高橋政士

に亀裂が発生したため、製造途中のこのグループに補強の追加対策を施工した。

■制御空気ダメの取付方法を変更。同時に付け根を強化。

■元空気ダメドレン管付け根部分を強化。

1036～1037号機
7次車

1974(昭和49)年度・第2次民有車

東北本線・常磐線増備用

■電気暖房用車側表示灯を、助士席側からの見通しを改善するため小型のものに変更。

■84号機以降、側面エアフィルタ周囲から雪が侵入しないように取付方法を強化したが、金網はボルト締めであったため、それをさらに強化するため溶接とした。

■主平滑リアクトル取付部分の強化対策を確実なものとするため、車体台枠横梁をH形鋼からボックス断面のものに変更。

1038～1039号機
8次車

ED71形試作車の廃車補充用

ED75形で最後に製造されたグループ。機器の変更点などはほとんどない。

ED75形1036号機(7次車)

電気暖房用車側表示灯が小型化された7次車。このスタイルは8次車を含め4両のみ。1036号機は廃車までこの姿を保っていた。1036号機はJR東日本→JR貨物の譲渡車。郡山貨物ターミナル　2008年3月12日　写真／高橋政士

ED75形1039号機(8次車)

ED75形の最終増備車となった1000番代8次車。最終全検時に電気暖房用車側表示灯は撤去されたものの、前面窓は白Hゴムとされ、側面明かり取り窓のHゴムは後に白色に変更された。盛岡貨物ターミナル　2008年4月4日　写真／高橋政士

700番代

奥羽本線・羽越本線電化用に製造されたグループで、1〜7次車に分類される。基本的には磁気増幅器式の従来のED75形と性能的に同等だが、日本海縦貫線を構成する奥羽本線は低温豪雪地帯、羽越本線は波濤（はとう）が押し寄せる日本海沿岸を走行するなど、大変厳しい環境で運用されるため、耐寒耐雪装備に加えて潮風による塩害対策も厳重に施された。

これらの対策を厳重にすると重量増を招くため、主要機器の軽量化が必要になる。また、機器の信頼性向上により故障の発生を少なくし、メンテナンスフリー化を進めることとして、従来のED75形に比べ、より高度な内容で設計が進められた。

すでに日本海縦貫線には耐寒耐雪・耐塩害対策を施し、人間工学に基づいて運転室が設計されたEF81形交直流電気機関車が投入されており、同一線区を走行する700番代は、運転台の構造などはEF81形を踏襲すると共に、主変圧器やタップ切換器、パンタグラフはED76形500番代で開発されたものを使用するなど、さらなる改良が施された。

外観上では、特別高圧機器がEF81形と同じくパンタグラフと高圧導体を除いてすべて機器室内に収められ、大変すっきりとした印象となった。M・P型と比較すると性能面では同じものの、外観は大幅に異なる。また前述のように搭載する機器も大きく変更されており、別な機関車のようでもあるが、将来的に東北地方全体で運用されることも考慮され、従来型のED75形との重連総括制御も可能なように設計された。後年、実際に700番代は東北地域で広く運用されることになった。

ED75形701号機(1次車)

貨物列車が削減された1984(昭和59)年に福島機関区へ転属した701号機。M・P型に比べて屋上機器が大きく変化しており、別な機関車のようでもある。福島機関区　1988年3月
写真／長谷川智紀

ED75形700番代(735号機以降)

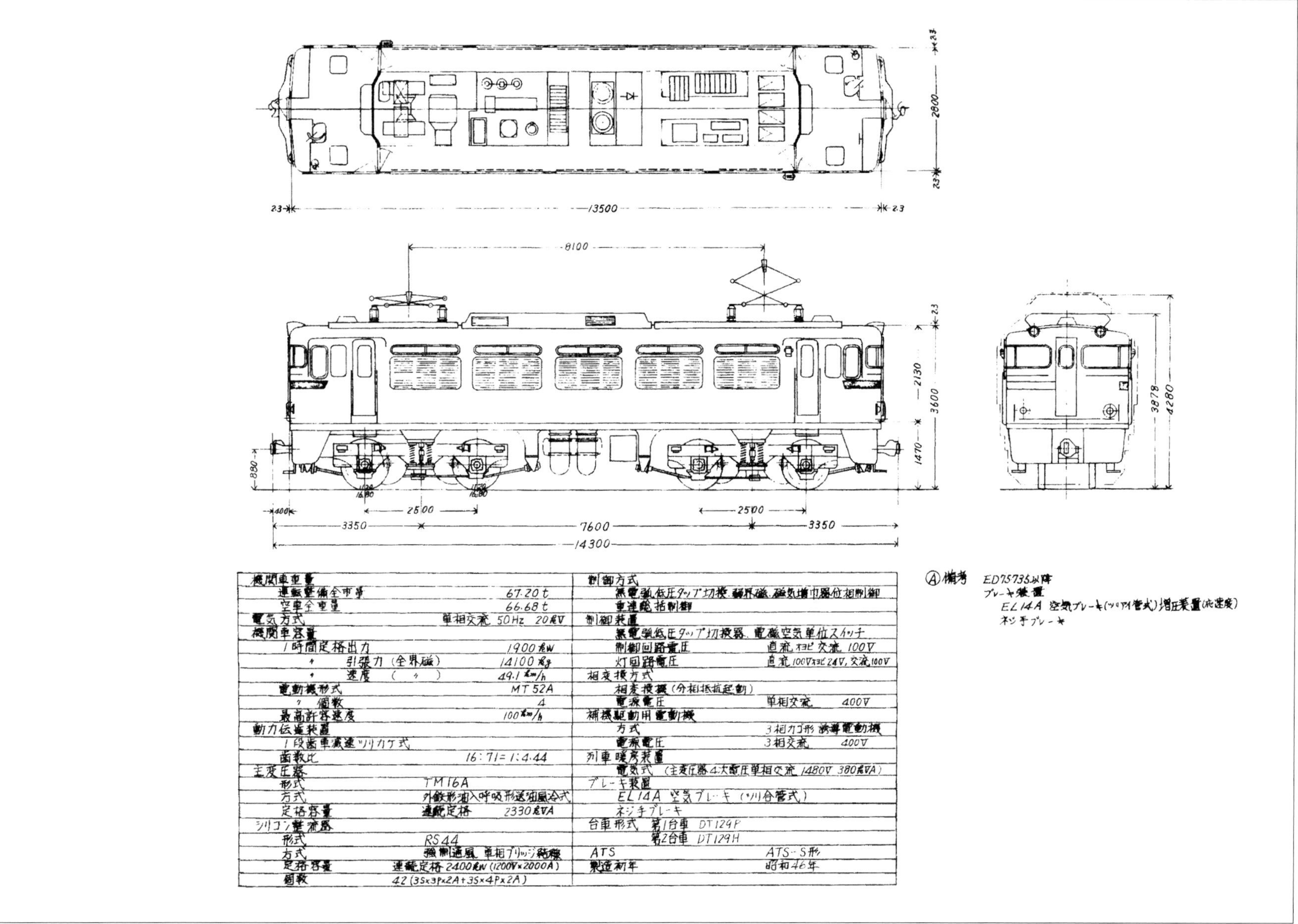

機関車重量		制御方式	
運転整備全重量	67.20t	無電弧低圧タップ切換、弱界磁、磁気増巾器位相制御	
空車全重量	66.68t	重連総括制御	
電気方式	単相交流 50Hz 20kV	制御装置	
機関車容量		無電弧低圧タップ切換器、電磁空気単位スイッチ	
1時間定格出力	1900kW	制御回路電圧	直流オヨビ交流 100V
〃 引張力（全界磁）	14100kg	灯回路電圧	直流100Vオヨビ24V，交流100V
〃 速度（〃）	49.1km/h	相変換方式	
電動機形式	MT52A	相変換機（分相抵抗起動）	
〃 個数	4	電源電圧	単相交流 400V
最高許容速度	100km/h	補機駆動用電動機	
動力伝達装置		方式	3相カゴ形誘導電動機
1段歯車減速ツリカケ式		電源電圧	3相交流 400V
歯数比	16:71=1:4.44	列車暖房装置	
主変圧器		電気式（主変圧器4次電圧単相交流 1480V 380kVA）	
形式	TM16A	ブレーキ装置	
方式	外鉄形油入呼吸形送油風冷式	EL14A 空気ブレーキ（ツリ合管式）	
定格容量	連続定格 2330kVA	ネジ手ブレーキ	
シリコン整流器		台車形式 第1台車	DT129P
形式	RS44	第2台車	DT129H
方式	強制通風 単相ブリッジ結線	ATS	ATS-S形
定格容量	連続定格 2400kW (1200V×2000A)	製造初年	昭和46年
個数	42 (3S×3P×2A+3S×4P×2A)		

Ⓐ備考 ED75735以降
ブレーキ装置
EL14A 空気ブレーキ(ツリアイ管式)増圧装置(高速度)
ネジ手ブレーキ

仕様詳細

701〜734号機

1次車

1970(昭和45)年度・第2次債務

秋田〜青森間電化開業用

1971(昭和46)年の奥羽本線秋田〜青森間の交流電化は、峠越えの線路改良と共に10月には供用を開始し、700番代1次車が34両投入された。1次車は701〜708・710〜716・721〜723・725〜727・729・730・733・734号機がJR東日本に承継され、残りはED79形100番代に改造された。

735〜737号機

2次車

1971(昭和46)年度・本予算

秋田〜青森間電化開業用

1972(昭和47)年8月の羽越本線村上〜秋田間の交流電化に備えて、2次車の735〜737号機の3両が製造された。このグループから応速度単機増圧ブレーキが採用された。高圧機器枠の項でも述べた通り、増圧ブレーキ関係の機器を搭載できるように準備工事が施されていたので、それを実装する形になったものだ。

しかし、20系寝台客車や10000系高速貨車用の電磁自動空気ブレーキ制御装置は設けられなかった。これは本機が使用される線区では高速運転を行わないことから不採用になったものと思われる。

なお、2次車の3両は羽越本線の貨物列車増発用という名目もあったようで、これは奥羽北線にED75形を投入し、同区間で運用されていたDD51形を羽越本線に転用したとのことである。735号機はJR東日本に承継。736号機は新製から3年経たずに、1974(昭和49)年に事故廃車され、後述の5次車で補充された。737号機はED79形に改造するためJR北海道に承継された。

ED75形759号機(4次車)

電気暖房用車側表示灯が大型化され、電球を機器室内から交換できるようになった4次車。700番代はJR東日本に承継されたが、余剰となった後にJR貨物へ譲渡されず、多くが廃車になったのは残念だった。郡山　2006年7月22日　写真／高橋政士

738〜744号機

3次車

1971(昭和46)年度・第1次債務
奥羽本(北)線増備用

3次車は738〜744号機の7両。パンタグラフ断路器以外、2次車と3次車の大きな差はない。738号機がED79形に改造するためJR北海道に承継されたほかは、残りは全車JR東日本に承継された。

745〜759号機

4次車

1971(昭和46)年度・第2次債務
奥羽本(北)線増備用

4次車は745〜759号機の15両。外観的には電気暖房用車側表示灯が縦長のものになった。全車JR東日本に承継され、757・758・759号機の3両は2023(令和5)年6月現在でも仙台車両センターで現役である。

760〜766号機

5次車

1974(昭和49)年度第1次債務
奥羽本(南)線羽前千歳〜秋田間の交流電化用

5次車は760〜766号機の7両。廃車となった736号機の補充のために1両多く製造された。内部機器的には計器用変圧器が非PCB化されたほかは変化はないが、外観では電気暖房用車側表示灯が見通し改善のため、1036号機と同じ小型のものに変更になった。

また、ナンバープレート数字のメッキが、視認性向上のため梨地クロームメッキとなり、前面飾り帯もステンレス製から普通鋼板製で銀色塗装仕上げとなり印象が変化した。762・764・766号機の3両がJR東日本に承継され、761号機がED79形に改造するためJR北海道に承継されたほかは、国鉄時代にED79形に改造されている。

767〜780号機

6次車

1974(昭和49)年度第2次債務
奥羽南線電化開業用

6次車は767〜780号機の14両。奥羽南線電化用で、仕様は5次車と同じである。767・768・770・771・775・777号機の6両がJR東日本に承継された。769・772〜774・776・778号機の6両は国鉄時代にED79形に改造され、779・780号機はED79形に改造するためJR北海道に承継された。

6次車のトップ767号機と777号機は秋田総合車両センター南秋田センターの現役車。767号機は東芝製がメインの700番代の中で、唯一、ED75形の原設計である日立製となっている。ほかの現役車4両と、鉄道博物館に保存された775号機はすべて東芝製となっているので貴重な存在である。

781〜791号機

7次車

1975(昭和50)年度第1次債務
奥羽南線貨物列車用

7次車は781〜791号機の11両。6次車と同仕様である。1976(昭和51)年になって新製された最後のグループで、全車が本務機であるED79形0番代へ改造されている。このうち781・786・787・788号機の4両は未改造のままJR北海道に承継された。

ED75形783号機
(7次車)

「日本海」を牽引する7次車の783号機。5次車以降、電気暖房用車側表示灯が小型化され、飾り帯と番号標記が変更された。700番代は当初より電磁ブレーキ制御を持たないため、スカートまわりは0番代と同様。写真の783号機はED79形21号機に改造された。下川沿　1983年9月16日　写真／児島眞雄

700番代の主要設計変更点

最後に増備された700番代は、これまでのED75形と比べて設計変更された箇所が多い。第4章で777号機のディテールを見ていく前に、700番代の設計上の特徴、既存番代からの変更点を解説する。

取材写真◉高橋政士、林 要介(「旅と鉄道」編集部)
撮影協力◉東日本旅客鉄道株式会社　東北本部

パンタグラフ

耐雪性能を向上させ、小型軽量を主眼に置いて設計されており、下枠交差型で空気上昇バネ下降式のPS103となった。下枠交差型は従来の菱形のパンタグラフに対し投影面積が小さく、積雪の影響を受けにくい形状となった。

ED76形500番代で採用されたPS102Aをベースに新設計として、EF81形で使用されたPS22とほぼ同様の構造をしている。集電シュウのスリ板体は塩害防止のためステンレス製とした。支持ガイシも従来のひだが6段のものから、EF81形と同じ7段のものになった。

外観はPS102Aとほとんど区別は付かないが、上枠は小型化するため枠の長さを短くしている。台枠上にはパンタグラフ上昇時の押上圧力を得るための主バネが片側に寄った位置に2本あり、防雪カバーで覆われている。主バネの反対側には下げバネを内蔵した作動シリンダが設置されている。バネ下降式としたことで、パンタグラフはバネの力によって折り畳まれた状態を維持するので、カギ装置は不要になる。

PS103パンタグラフ組立

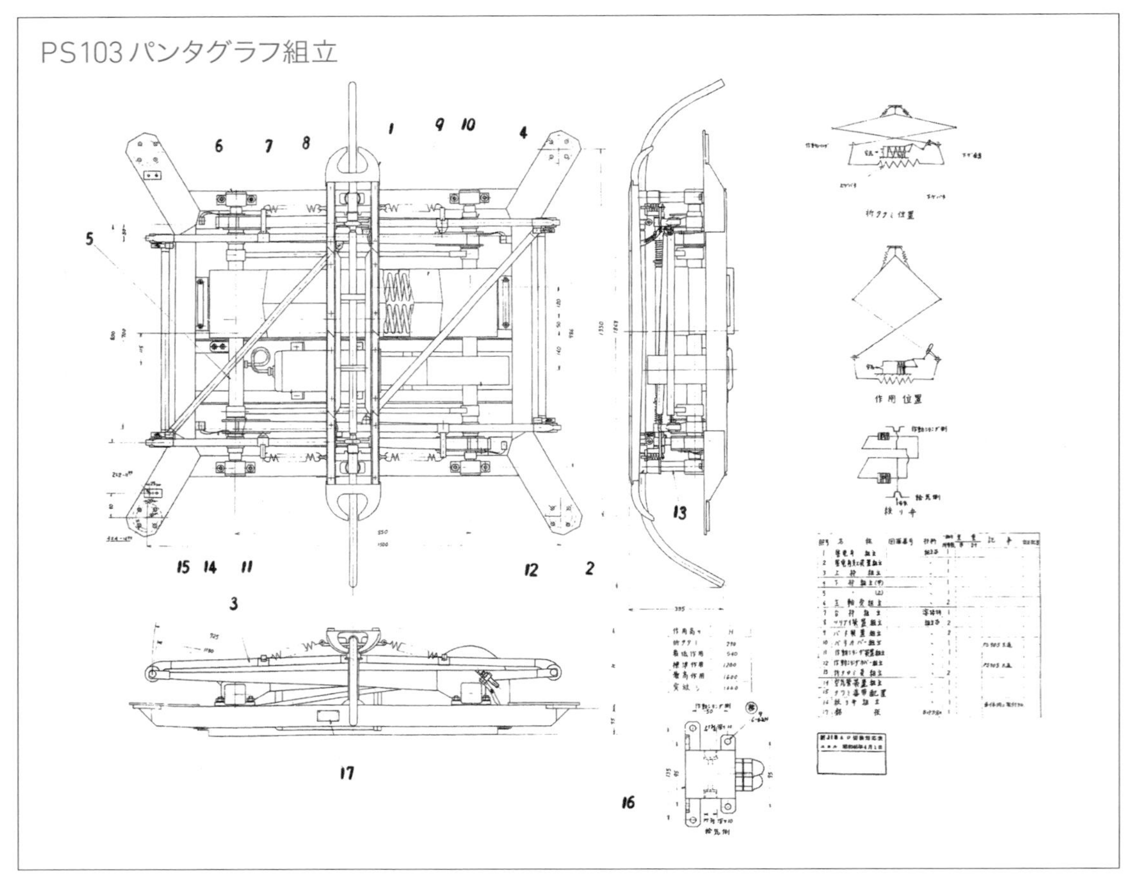

上げ操作は作動シリンダにエアを給気する。エアによって下げバネが圧縮されると、主バネの力が下げバネに勝ってパンタグラフは上昇を開始する。この時、積雪などで主バネの力のみで上昇できない時は、作動シリンダのテコが主軸を上昇方向に回転させるように働き、パンタグラフを上昇させる。エアの最低動作圧力は500kPaである。

PS22では積雪を落とすために枠組を揺さぶる押上シリンダが台枠上に設けられていたが、作動シリンダによって押上圧力を大きくできることから、押上シリンダは装備されていない。このためパンタグラフにつながる空気碍管は1本となっている。

下げ操作は作動シリンダのエアを抜くことで、下げバネの力と枠組の重量が加わり、主バネの力に勝って降下する。従来の空気上昇式パンタグラフは自重のみで降下するが、PS103では下げバネがあることによって、走行中の風圧によって自然上昇することがない。なお、動作順序がM・P型と異なるが、重連運転の際にも問題ないように継電器が設けられている。

最低作用高さ540mm、標準使用高さ1,200mm、作用最高高さ1,600mmで、突放高さは1,660mmとなっており、主軸に設けられたストッパボルトにより突放高さを調整できる。

ちなみにPS22では標準作用高さは1,200mmと同じだが、PS103では上枠の寸法を短くしているため、最大作用高さはPS22より190mm低く、突放高さも180mm低くなっている。このため並べて比較すると、PS103の集電シュウが小ぶりなことも相まって、よりコンパクトなパンタグラフに見える。

ED75形777号機のPS103パンタグラフ。パンタグラフから屋根に碍管が1本伸びている。

このようにパンタグラフ上げ操作の際にはエアが必要となることから、制御空気ダメにエアがないときに備えて、最低限のエアを確保するために、非常空気ダメと蓄電池駆動の補助空気圧縮機を備えている。

なお、700番代では主幹制御器補助ハンドルでパンタグラフ上げ操作を行った場合、扱った運転台と反対側のパンタグラフが上昇する。また第1制御箱内の両パンタグラフスイッチを扱うと、前後のパンタグラフを上昇することができる。

避雷器

従来型に使用されていたLA104は東北本線で破損事故が多かったため、定格電圧を上げ多数回動作に耐える新設計とした。新幹線用の避雷器にも使用される材料を使用して信頼性を上げている。置き型がLA105で、吊り下げ型がLA105Aとなるが、700番代ではLA105が使用されており、屋上ではなく特高機器室に設置されている。

真空遮断器

700番代の大きな特徴は、主回路遮断器に空気遮断器(ABB)ではなく、真空遮断器(VCB)が採用されたことだ。VCBは真空中の絶縁耐力と、電流遮断によって発生するアークの拡散作用を利用した遮断器で、従来は振動の大きい車両に搭載するのは無理だったが、591系高速試験電車などで技術開発を進めた結果、車両用真空遮断器が実用化された。形式はCB105Bとなる。

VCBの採用により遮断器部分は大幅に小型化され、従来のCB103空気遮断器(ABB)に対して重量は35%、容積は38%と劇的に小型軽量化された。遮断器の心臓部の接点は特別な保守点検は不要になるなど、メンテナンス性も大幅に改善された。ABBのようにアークをエアで冷却消弧するものではないので、動作音も非常に静かであり、投入操作にエアを使用しているものの、その使用量はわずかで遮断器用の空気ダメも不要となった。

交流主ヒューズ

ED75形が投入される奥羽本線米沢〜秋田〜青森間と、羽越本線酒田〜秋田間は直流電化区間に接することのない交流電化区間内であるため、交流主ヒューズは省略された。しかし、将来の転用などに際し、必要になった場合は取り付けられるように取付スペースを確保してある。後年、東北本線に転用されたグループは、交流主ヒューズが追加されている。

主変圧器

機器室内の艤装空間を確保するため、M・P型に使用される縦型のTM11に対し、横型のTM16Aとなり外形は大きく変更された。高さ方向の寸法が縮小したため、空いた空間にパンタグラフ断路器や、小型化された真空遮断器を設置することが可能になった。性能的にはTM11と同じである。

原形となったTM16は北海道用のED76形500番代に使用されたもので、TM16は電気暖房用の4次巻線はなかったが、TM16Aでは4次巻線が設けられている。絶縁油冷却用熱交換器はアルミ製コルゲートフィン冷却器として、効率化と軽量化を図っている。

電動ファン自体はTM11とほぼ同じMH3045-FK70Dを使用しており、従来型では磁気増幅器と冷却用電動ファンが共通となっていたが、これを主変圧器単独の1基として軽量化した。この結果、TM11(4,330kg)に比べて約800kgもの軽量化を実現している。

このように軽量化されたことから、主変圧器の設置位置は車体中央ではなく1エンドに寄った位置となり、屋上の冷却風排気口は2位寄りの1カ所のみとなった。

なお、MH3045-FK70CはED94形で採用され、ED75形500番代で採用されたMH3045-FK70Bからヒータを取り除いたもので、これの構造を簡素化したものがMH3045-FK70Dである。

タップ切換器

主変圧器のタップが主変圧器下部から左右に分かれて配置されているため、タップ切換器はM・P型のLTC-3から形状の異なるLTC-4Bに変更された。形状は変わったが電気的な性能や動作は同じである。

タップ切換器制御装置も無接点であることには変わりないが、論理回路を磁気増幅器を使用したサイパックから集積回路(IC)を使用したものに変更しているほか、故障に備えてバックアップ回路が新たに追加された。これはED76形500番代に採用されたものの改良型である。

主磁気増幅器

M・P型のMA1、MA1Aと基本性能は同じであるが、冷却方法が変更になったため機器箱の形状が変わり、形式がMA1Bとなった。機器室内の配置も従来型では主変圧器の前後にタップ切換器と共に取り付けられていたが、主変圧器の形状が大きく変更され、タップ切換器も形状の異なるLTC-4Bとなったことで、主整流器と組み合わされる形で設置されている。冷却は空冷で、冷却用電動ファンは主整流器に取り付けられたものを使用する。

主整流器

主整流器はRS21からRS44となり、M・P型とは大きく異なる700番代の大きな特徴となっている。

RS21ではシリコン整流素子を空冷としていたが、RS44ではシリコン素子を固定する電極内に絶縁油を通す冷却ブロックを使用し、絶縁油は別に設けた冷却器によって冷却するドライチューブ方式を採用した。こうすることで油侵式並みの冷却性能を持つことになった。

シリコン素子に直接冷却風を当てる必要がないので、機器室内に雪が侵入してもショートすることがなく、機器箱内の汚損も少なくなった。冷却ブロック内に絶縁油が流れているが、シリコン素子の交換の際には絶縁油を抜くことなく交換できる。

シリコン素子の構成は+側が3個直列を3組並列、−側は3個直列を4組並列とし、磁気増幅器帰還用は2個直列を3組並列としたものを合計4組使用している。シリコン素子の進歩もあって使用個数も減り、外形も大変コンパクトになり、M・P型では+箱と−箱の2個あったものが1個になるなど、劇的に小型軽量化された。

同時に電動送風機(MH3045-FK70A)の台数を減らすため、冷却用送風機は磁気増幅器と共用となり、機器室床上に設置された磁気増幅器の上に主整流器冷却用の熱交換器がたわみ風道を介して被さるように載り、その上に2基の電動送風機を設置する方法を採った。M・P型では主変圧器・磁気増幅器・主整流器で合計6基の電動送風機を使用していたが、700番代では合計3基となった。

高圧機器枠

主整流器より後位寄りに設けられており、点検に便利なように中央に通路を設け、左右に分けられて設置されている。2-4側が高圧機器枠(右)で、3-1側が高圧機器枠(左)となっている。

高圧機器枠(右)は主に主回路関係の機器がまとめられており、上段には単位スイッチなどが設けられ、下段には逆転機、主電動機開放器、誘導分路などがある。

高圧機器枠(左)の上段は下段から分離可能で、前置磁気増幅器など、磁気増幅器関連の機器が設置されている。下段は2つのブロックで構成され、1エンド寄りは空気ブレーキ関係の制御弁などの機器がまとめられ、2エンド寄りATS関連の機器と、将来的に高速貨車の牽引を想定して、応速度増圧ブレーキ関係の機器を収納するスペースを確保してある。

なおパンタグラフ断路器や真空遮断器のある特別高圧部や、高圧機器枠の中央通路は高圧機器があることから保護金網によって仕切られており、点検用に通路はキーロック扉が

ED75形777号機の機器室内。写真の大きな機器箱は高圧機器枠で、左側の高圧機器枠との間の保護金網部分に真空遮断器が設置されている。

2カ所設置されている。

これは主幹制御器の補助ハンドルを使用するもので、主幹制御器を切位置として補助ハンドルを抜き取り、パンタグラフ断路器の接地ハンドル操作部分に差し込んで回転させ、両パンタグラフを接地（レールと導通）させる。この操作を行うことで、それぞれのキーロック扉のカギを収納している鍵箱の鍵を取り出すことが初めて可能になる。

補助ハンドルはこの状態では抜くことができず、すべての鍵を収納することで補助ハンドルを抜くことができるようにされている。EF81形でも同じ機構が採用されている。

主平滑リアクトル

M・P型のIC23から700番代はIC67に変更となった。電気的特性はIC23と変わりはないが、軽量化のためアルミ導体を使用したのが大きな特徴で、同時に取付枠にリアクトルを4個取り付け、2基の電動送風機、たわみ風道、曲がり風道なども一体的なものとして、それを床下に吊り下げる方式としている。リアクトル本体で従来より1個あたり60kg、主平滑リアクトル全体では500kgの軽量化を実現した。

また、リアクトル自体はそれが磁力を帯び、漏れ磁束として周囲に漏れ出すが、それぞれの磁気回路が磁束を循環するように配置されて漏れ磁束を少なくしている。さらに漏れ磁束によってレールが磁化されるのを防ぐため、奇数号車と偶数号車では車体配線を磁束の向きが逆になるように結線している。

主電動機

0番代の132号機以降や1000番代に使用されたものと同じMT52Aを採用している。構造自体に大きな変更はないが、主電動機からの口出し（リード）線に中継用の端子箱を設けた点が異なる。

仮にリード線の途中で断線事故（ED72・73形、EF62形などで発生し問題化）が発生すると、内部から口出し線を交換する必要があり大変な手間が掛かる。断線は前頭部に近い主電動機で発生することが多く、一時期は使用する場所によって口出し線の長さを変えたこともあったが、これも整備上の手間となる。

そこでEF66形のMT56では、主電動機磁気枠に端子箱を設けて、主

ED75形777号機の主平滑リアクトル。枕木方向に円筒形の電動送風機が設置されている。左のルーバー部分は主平滑リアクトル冷却風排気口。冬期に蓋を取り付けるボルトがある。

COLUMN 3

主電動機の一連番号

主電動機は製造メーカーにより若干の相違があるため、保守上の都合で各工場において管理用の番号を付けているが、これを全国的に統一したものがMT52をはじめ、ほかの標準型主電動機で採用されている。この一連番号によって主電動機形式、製造年、製造メーカーが分かるようになっている。

数字2桁とアルファベット1桁の3桁、ハイフンのあとに5桁の数字がある。最初の2桁の数字とアルファベットは主電動機形式を表している。ハイフン後の1桁目は製造年の西暦の下一桁を取ったもので、1967（昭和42）年製では「7」となる。2桁目は製造メーカー名をアルファベット順に並べて数字に置き換えたもので（下記）、最後の3桁はメーカーごとの製造番号となる。

例：52A-71001
MT52A／1967年製造／日立製／製造番号1

製造メーカーと番号

富士電機（Fuji）	0
日立製作所（Hitachi）	1
川崎電機（Kawasaki）	2
三菱電機（Mitsubishi）	3
神鋼造機（Sinkou）	4
東芝（Toshiba）	5
東洋電機（Touyou）	6

電動機から車体側のつなぎ箱までの配線長さを選択可能とした。これをMT52に応用したのがMT52Aである。

端子箱は完全水密構造で、直接の放水にも耐えられる。また、従来品への取り付けも可能で、MT52→MT52Aの改造も可能である。

電機子の放熱性の向上と絶縁性の向上を図るため、それまで界磁コイルなどに使用していた無溶剤型のエポキシワニスを電機子にも採用した。新幹線0系用のMT200や、EF80形のMT53では溶剤型エポキシワニスを使用して好成績を収めたことから、ED60形などに採用されていたMT49のシリコン系ワニスに代わってMT52Aでも採用された。これにより絶縁層の機械的強度が増し、温度上昇も若干低下するなどの効果がある。

エポキシ樹脂は真空装置を使用して電機子コイルに含侵(がんしん)させる。この方法だと完成したコイルに空気が混ざることが少なく、理想的な絶縁層を形成することができる。空隙(くうげき)があると電機子温度の異常上昇につながる。

さらに整流子と電機子コイルの接続には、ハンダ付けではなくTIG溶接を採用した。TIG溶接とはTungsten Inert Gasの頭文字を取ったもので、ティグ溶接と呼ばれる。本来はアルミ合金溶接用として開発されたものだ。アークを発生させる電極にはタングステンを使用し、溶接部周囲に不活性ガスのアルゴンガスを吹き付けて周囲の酸素を排除しながら、母材(この場合は銅)との間にアークを発生させ、母材と同じ材料の溶材を使って溶接する。

ハンダ付けに比べて極端に接触面が少ないが機械的強度も大差なく、分解する際にも溶接部分を多少削れば分解が可能である。また、ハンダ付けは180℃を超えると強度がなくなってしまうが、TIG溶接では母材と同じ銅で溶接されているため、母材と同じ程度の強度低下しか生じない利点がある。

冷却用の電動送風機は機器室1エンド側に設置されたMH3058-FK92Aで、0番代などと同じく電動機の両側に勝手違いでファンを取り付け、機器室下の風道を通って4基の主電動機を冷却している。

ED75形777号機の1エンド側運転室。右のハンドルが主幹制御器。従来はこの背面に取付脚があったが、700番代では廃止され、本体を角形とした。ブレーキも脚台が小型の取付座に変更され、足下が広くなった。

主幹制御器

ED76形500番代に使用されたMC109Cの改良型であるMC109Gが採用された。改良点としては、運転士の居住性を改善すべく主ハンドルの配置を変更。背面にある取付脚を廃止し本体を角形としている。そのため変圧器と抵抗管の一部を本体内部に収納できるようになり、背面の出っ張りが少なくなって艤装作業を容易にした。前面カバーのロックは永久磁石を使用して、従来では膝元にあった締付ハンドルを廃止した。

また、内部のTC(Tap Changer＝タップ切換器)、MA(Magnetic Amplifier＝磁気増幅器)パターン発生器は、ED76形500番代で採用された油侵式を採用している。これは従来の乾式のローラセグメントではローラとセグメントの摩耗が進み、メンテナンス上の問題となっていたためだ。ED76形500番代のMC109Cで油侵式が開発され良い成績を収めていたものである。後に無接点式に改造されたものもある。

電気連結器

101号機以降と同じくKE77A栓受け、KE3を使用している。

電動空気圧縮機

従来通りC3000を採用している。2段圧縮単動型でシリンダは全部で3気筒。W型に配置されて、両側の2つのシリンダで圧縮されたあと、中間冷却器を通って冷却され、中央のシリンダで再度圧縮される。最大吐出圧力は800kPaとなっている。

駆動用電動機は1000番代2次車の1016号機から採用された小型軽量のMH63064が引き続き使用されているが、若干の手直しが入っている。

誘導電動機は起動トルクがあまり大きくなく、圧縮機の負荷が掛かった状態では起動が困難で、負荷を軽くして起動させる必要がある。回転が上昇すればトルクも増すため圧縮が可能となるが、M型では当初、電動機回転開始直後の回転数上昇の確認を遠心力スイッチで行っていた。その後、無接点化を図るために電動機電流を監視する方法に変更されたが、700番代では空気圧縮機潤滑油の油圧によってアンローダ弁が動作する方式となった。

電動機起動直後はそれによって駆動される油圧ポンプの油圧はないが、回転が上昇し油圧が50kPaまで上昇すると、この圧力を利用してアンローダ弁を閉じて圧縮行程を開始させる。同時にこの装置では、潤滑油が不足している場合では圧縮行程を開始することはできず、空気圧縮機の焼損防止にもなる。

また、中間冷却器にはD3連動ドレン弁、ドレンダメと空気ダメにはD2連動ドレン弁が設けられた。いずれも空気圧縮機始動時にアンローダ弁から排出されるエアを使い、ドレン弁を作動させている。

ブレーキ弁

従来はブレーキ弁にB6圧力調整弁を使用してブレーキ管(BP)圧力の500kPaのエアを調圧していたが、圧力調整弁の不具合によってBP圧力が過上昇することがあった。この過上昇を防ぐために、過上昇分を排気できるB7圧力調整弁を新たに採用した。

しかし従来のブレーキ弁を使用すると、内部の回り弁上部に加わる元空気ダメ(MR)圧力が排気されてしまうという不都合が生じる。

そこで対策を取った回り弁に変更したもので、この改良型をKE14AWとしている。さらに700番代ではEB装置も採用されたことから、リセット用の電気接点も新たに追加され、ブレーキ弁の形式はKE14AWEBとなった。

ブレーキ脚台は従来の電気機関車ではKB1、またはKB7(ED75形M・P型)が採用されてきたが、これをEF81形同様の小型管取付座に変更して、C6圧力調整弁と切換コック丙は別体として配管によって連絡する方法とした。C6圧力調整弁、切換コック丙は主幹制御器右手のキャビネット内に収められている。

EF81形も同様に運転台右手のキャビネット内に切換コックが収められているが、EF81形は非重連型なので切換コックは2エンドのみにある。ED75形は重連型なので前後の運転台にそれぞれにあり、通称「重連コック」とも呼ばれている。

運転士が操作しやすいようにブレーキ弁を手前に5度傾けて取り付けるため、管取付座の上面に角度が付けられている。

EB装置

EB装置は機関車の1人乗務関連の装置で、ED75形の新製車では1020号機からも導入されている。700番代は最初の701号機から装備されている。

列車運転中に運転士が常時操作する機器は、主幹制御器、ブレーキ弁、気笛、砂撒きスイッチの4つがあるが、これらを60秒以上何も操作を行わない場合に警報を発し、それから5秒間何も操作が行われないと非常ブレーキが作動し列車を停止させるものである。

非常ブレーキが作動する前に前述の4つの機器と、専用のリセットスイッチを扱えば、限時継電器(タイマ)は再び0秒からカウントを開始する。リセットスイッチは運転台計器盤の一番手前にある棒状のものがそれである。EB装置は15km/h以上で作動する。

TE装置

TE装置は緊急列車防護装置のことで、英語のone Touch Emergency deviceからTとEを取ったもの。このため通称「ワンタッチ」と呼ばれている。これを扱うことで直ちに列車停止と列車防護ができる。スイッチは運転台計器盤のやや右手、主幹制御器ハンドルの前方にある「緊急」と書かれた赤色の押ボタンと、助士席側後部の機器室扉の脇にあるT字型をした赤色の引きスイッチだ。

これを扱うと直ちに力行回路の遮断、非常ブレーキ、滑走防止のための砂撒き、気笛吹鳴、信号炎管点火、パンタグラフ降下が一斉に行われる。砂撒きと気笛吹鳴は多くのエアを消費するため、60秒間だけ行うようにしている。この限時継電器はEB装置と共用としている。また、砂撒きと気笛吹鳴はエアの流量が多く必要なので、通常の電磁弁では流量を確保できないため、ハイフロ電磁弁と呼ばれる電磁弁が使用される。

COLUMN 4

DT129台車の変遷

ED74形からED79形までの交流電気機関車が採用したDT129台車のサフィックスと使用形式は下表の通りである。

DT129台車の台車形式と使用形式

台車形式	使用位置	使用形式
DT129	両端	ED74形
DT129A	第1	ED75形1〜49·301〜310
DT129B	第2	ED75形1〜49·301〜310·311
DT129C	第1	ED76形0
DT129D	第2	ED76形0
DT129E	第1	ED93形
DT129F	第2	ED93形
DT129G	第1	ED75形47〜131
DT129H	第2	ED75形47〜160·700·1000
DT129I	第1	ED77形·ED94形
DT129J	第2	ED77形·ED94形
DT129K	第1	ED76形9〜30
DT129L	第2	ED76形9〜30
DT129M	第1	ED78形·EF71形
DT129N	第2	ED78形·EF71形
DT129O	ー	欠番
DT129P	第1	ED75形132〜160·700·1000
DT129Q	第1	ED75形311
DT129R	第1	ED76形500
DT129S	第2	ED76形500
DT129T	第1	ED79形0·ED79形50
DT129U	第2	ED79形0·ED79形50
DT129V	第1	ED79形100
DT129W	第2	ED79形100

C61形20号機の運転で、折り返し先頭に立つED75形757号機。希少になったED75形は、イベント列車でも人気を集める。五百川〜本宮間 2012年7月25日　写真／高橋政士

第4章

ED75形のディテール

交流電気機関車の標準型となったED75形だが、現役車両はJR東日本に所属する5両の700番代のみとなった。そこで、JR東日本にご協力いただき、5両の中から現役で最後の番号となる777号機の撮影をさせていただいた。

ED75形777号機のディテール

文・写真◉高橋政士、林 要介（「旅と鉄道」編集部）
取材協力◉東日本旅客鉄道株式会社　東北本部
取 材 日◉2023年5月19日　秋田総合車両センター南秋田センター

今や希少な交流電気機関車となった、JR東日本のED75形。現役の5両はすべて700番代で、ED75形の中でも最後の仕様となるため、ED76形500番代などで培われた技術を採り入れて機器が小型化され、外観も0番代や1000番代と異なる。777号機のディテールを紹介しよう。

赤2号の車体色が美しいED75形777号機。

秋田で活躍を続けてきたED75形777号機に迫る

1963年から1976年にかけて総数302両が製造されたED75形だが、JR東日本に承継されたものは定期旅客運用の終了により1990年代に激減。JR貨物に承継されたものもEH500形への置き換えにより2000年代に入って急速に数を減らした。

2023年6月現在、現役のED75形はJR東日本が保有する700番代5両のみとなった。改造されたED79形はすでに全廃されており、国鉄時代に製造された交流50Hzの機関車は、この5両のみである。

仙台車両センター所属

757号機　1972年9月　東芝製
758号機　1972年9月　東芝製
759号機　1972年9月　東芝製

秋田総合車両センター
南秋田センター所属

767号機　1975年10月　日立製
777号機　1975年10月　東芝製

700番代は、特に経年の新しいものを中心に青函トンネル用のED79形に改造されたため、全機の改造が終了した後は、777号機はED75形700番代として最後の番号となっている。

そこで今回は東日本旅客鉄道株式会社東北本部および秋田総合車両センター南秋田センターにご協力をいただき、現役最若番であり、ラッキーセブンのナンバープレートを付けた777号機を取材させていただいた。

本機は1975年10月30日に東芝で落成し、秋田機関区に新製配置。国鉄分割民営化ではJR東日本に承継され、秋田機関区を改組した秋田運転所秋田支所が引き継いだ。その後の改組を経て現在は秋田総合車両センター南秋田センターの所属となっている。落成から現在まで一貫して秋田に在籍して、羽越本線・奥羽本線を中心に活躍をしてきた機関車なのだ。外観では無線アンテナが追加されたこと、窓を支持するHゴムが黒色に変更された以外は、ほぼ新製時の姿を維持していることも特筆される。取材時は赤2号の車体色も美しく、767号機とともに大切に管理されていることがうかがえた。

本機以外の4両を含め、現在の主な運用は工臨や臨時列車、機関車や気動車の回送となっている。交番検査以上の検査は秋田総合車両センター(旧・土崎工場)で行われている。なお、同じ秋田所属機のED75形767号機は現役で唯一の日立製で、過去にはオリエントサルーン色をまとっていた時期もある。また、同じ秋田に所属していた同胞の775号機は、鉄道博物館で保存展示されている。

ED75形777号機の表情

ED75形777号機を4方向から見ていく。700番代は下枠交差型パンタグラフを搭載するため、それ以前の番代とは見た目の印象が大きく異なる。

1エンドから2-4位側を見た様子。

1エンドから1-3位側を見た様子。こちら側は助士側となる。

2エンドから3-1位側を見た様子。ED75形では珍しく、前パン状態となる姿。

2エンドから2-4側を見た様子。心皿がないので、枕バネ付近の車体と台車の隙間から向こう側が見える。

四面から見たED75形777号機

今度は四面図ように、両正面と両側面から見ていく。前面は大きな違いはなく、側面も車体はほぼ同じだが、床下機器が異なる。

1エンド前面。ホース連結器は、一部が撤去されたJR貨物所属機に対して、フル装備の状態を保っている。

3-1位側側面。向かって右の1エンド寄りの車体と台車の間の隙間も無心皿ならでは。

2-4位側側面。向かって左が1エンド。

2エンド前面

外　観

外観のディテールを見ていこう。EF64形やEF65形1000番代と通じるシンプルなデザインなので個性に乏しいが、国鉄型らしい機能性に富んだ形状をしている。

前頭部

側窓、側開戸上部の水切りは電気暖房用車側表示灯がある箇所と寸法は同じ。前面から側面に伸びる飾り帯は、760号機以降は鋼板製で、銀色に塗装されている。

区名札差し

区名札差しは運転席の側面に2つずつ装着され、片方は検査票や改造時の車票差しとして使われる。所属区である秋田の「秋」の札が差されている。

ナンバープレート・製造銘板

700番代は全機、台座に切り抜き文字を取り付けたブロックナンバー。760号機以降は梨地クロームメッキとなった。現在は白ペイント。777号機の製造銘板は東芝製を示す。

運転室側窓

700番代の多くは、隙間風防止と車体腐食防止のため、後年にアルミサッシのユニット窓に改造された。引戸となっていて、向かって右が前側にスライドする。

2エンド標記

2エンド4位の標記。白文字で全般検査の年月・検査区と換算重量を示す。所属銘板はない。

1エンド標記

白ペイントの1エンド2位の標記。白文字でATS-PSの搭載と換算重量を示す。JR東日本の所属銘板は2位のみに装着。

前部標識灯・前面窓

前部標識灯や前面窓などを上から見る。前面窓のHゴムは水切り付を使用する。貫通扉は車体外側から被さる形の開戸だ。

ステップ

貫通扉の渡り板には縞鋼板が使用されている。

前面窓

登場時は灰色のHゴムで固定していたが、現在は黒色に変更されている。ワイパはWP-50。

ヘッドマークステー

貫通扉に付くヘッドマークステー。かつては「あけぼの」などを掲げて牽引した。

明かり取り窓・冷却風取入口

ED75形の側面には5面の冷却風取入口と明かり取り窓がある。形状はEF65形などでおなじみのパンチプレートを使用。

前部標識灯

前灯具はシールドビームのDB31Aを装着。

電気暖房用車側表示灯

前側と後ろ側からみた様子。小型化された760号機以降の形状で、電球は内側から交換する。電気暖房が必要な客車を解結するとき、通電確認できるように、通電していないときに点灯する。現在は使用停止。

後部標識灯

700番代では外嵌め式の後部標識灯を装着。外側にネジ止め、内側にヒンジが付く。

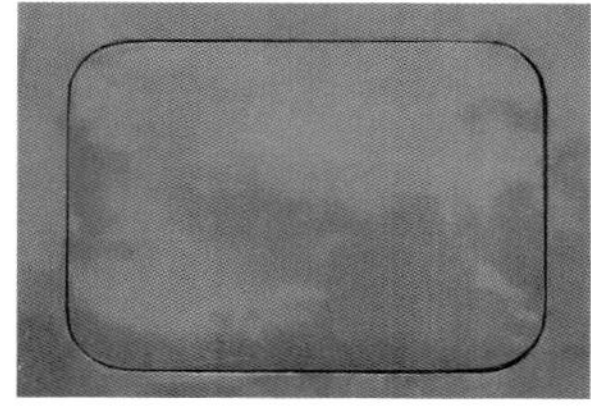

機器取出口

機器室内側から外側へ開くことができる。検査時に機器や工具を出し入れする際に使用。M・P型では蓄電池の出し入れに使用する。

屋上機器

ED75M・P型の屋上はたくさんの配線や機器があってにぎやかなものだが、ED75形700番代は羽越・奥羽本線での耐雪と塩害対策のため、パンタグラフと高圧導体以外は機器室内に設けられ、大変にすっきりとしている。

1エンド側から見た屋根上。パンタグラフが小型の下枠交差型のPS103に変更され、電気関係の機器はパンタグラフと高圧導体のみ。直流機などは避雷器などが屋上にあるが700番代はそれすらない。運転室前面窓上の手スリにも注目。貫通扉内側にあるハシゴから、この手スリを使って屋上に上がることができる。

枠組から台枠へ電流を流すための網銅線とも呼ばれるコーベルワイヤ。斜めのボルトは突放高さを調整するストッパボルト。

パンタグラフ台枠に接続されている高圧導体。銅パイプを使用し、先端を潰してボルト止めされている。

屋根の先端には本線を走るのに必要な機器類が揃う。左手前の蓋が付いたものは信号炎管、筒状がAW2タイフォン、中央の灰色の円筒形のものは列車無線アンテナ、その奥の盛り上がりは運転室の扇風機。右の四角い箱は予備のAW5タイフォン。

信号炎管はバネによって飛び出す際に、蓋に当たって着火するようになっている。その際に蓋が紛失しないようにワイヤが取り付けられている。

列車無線アンテナとタイフォンを裏側から見た様子。前面側にのみ開閉式の蓋がある。列車無線アンテナは台座に載る。

2エンド側のパンタグラフ周辺。ED75形700番代のPS103は、ED76形500番代の改良型で、さらなる軽量化と、塩害対策が施されている。

1エンド側のPS103パンタグラフ。中央やや右に見えるのは作動シリンダから主軸につながるリンクのカバー。取り付ける向きはこちら側が運転室寄りになる。

高圧導体の取付穴は左右にある。集電シュウの下にある円筒形のものが作動シリンダ。奥の箱状のものが主バネのカバー。

ブッシング（貫きガイシ）。ここから機器室内に電気が取り込まれる。この真下にパンタグラフ断路器があり、さらに主変圧器がある。

700番代のガイシは塩害対策のため、EF81形と同じヒダが7段のものを使用。屋上点検時の作業性を考慮して高圧導体は車体中央に設置する。手前は主整流器冷却風の排気口。

主変圧器の上に設けられている通風口。700番代では機器配置が変わり、主変圧器の電動送風機が1基となったので、排気口は1カ所となった。機器室のレバーで開閉できる。

運転室

1エンド

700番代は、既存のED75形(0・300・500・1000番代)から一新された。1人乗務を考慮したうえ、人間工学に基づいた計器配置に変更されるとともに、ブレーキ弁脚台も新しいものに変更されている。

ED75形777号機の運転台全景。貫通型なので運転台そのものはコンパクトにまとめられている。貫通路は常時使用するものではないので幅が狭い。

運転席を横から見た様子。主幹制御器のハンドルは34ノッチまで刻まれる。限流値調整ハンドルはなく、代わりに中央部分にバーニアハンドルがある。

ブレーキ弁の外側に設けられた2つの弁は笛弁で、上側がAW5用、下側がAW2用。

足下に1本あるペダルは、砂撒きの足踏スイッチ。上のバーはEB装置のリセットボタン。

ED75形735号機以降の運転室機器配置図

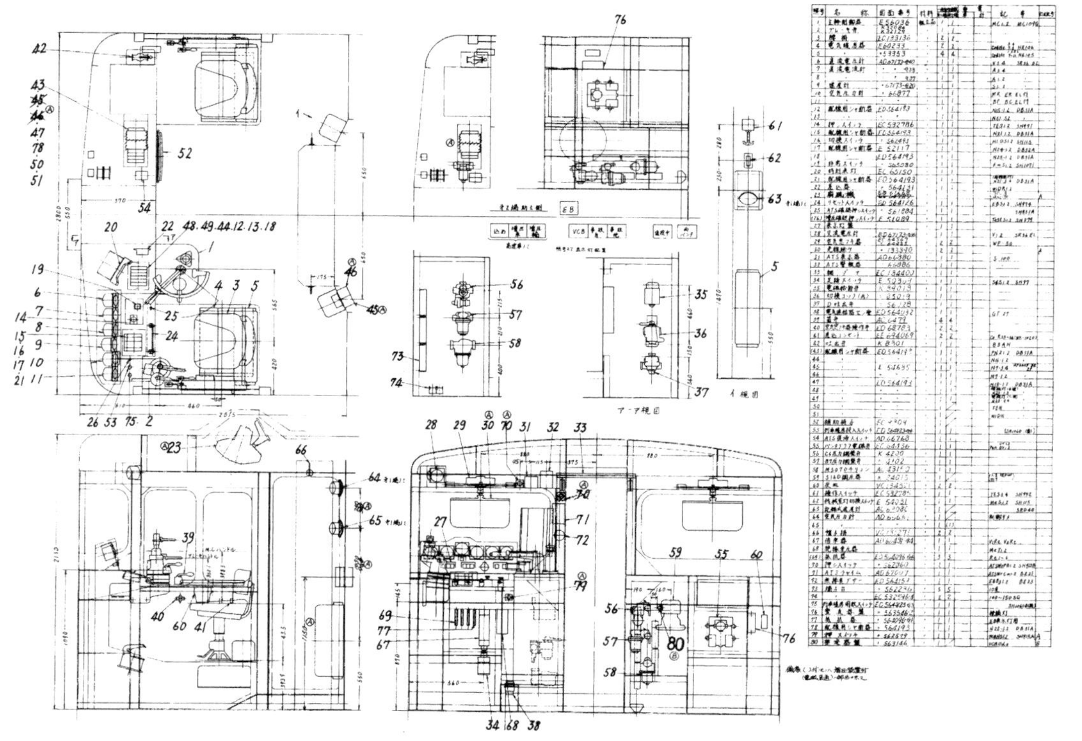

運転席の後部から、運転室全体を見る。床はリノリウム張りで全体的にスッキリとした印象。

運転席の真後ろから見た運転台全景。700番代はEF81形と同様の計器類配置となり、別形式のようになった。

主幹制御器のノッチ板は34ノッチまでびっしりと刻まれている。抵抗制御ではないのでランニングノッチの自由度は高い。

主幹制御器ハンドルの下にある切換ハンドル。左上から切／パンタ下／パンタ上　VCB切／VCB入 補起。VCBは真空遮断器（Vacuum Circuit Breaker）。

KE14AWEBブレーキ弁。脚台は運転台から出たコンパクトなもの。ブレーキ弁自体は従来のものとほとんど変わりはないが、操作しやすいように脚台上面に5度の角度があり、手前に傾いている。

MC109G主幹制御器（マスターコントローラー）。

700番代以前のED75形の計器は上下に3個ずつ並ぶ配置だったが、700番代以降は横一列に並ぶ配置に変更。計器は左からブレーキ管+ブレーキシリンダ。元空気ダメ+ツリ合イ空気ダメの双針圧力計で、どちらも照明にEL板を使用している。中央のやや高い位置にあるものは速度計。主電動機電流計、主回路電流計、主回路直流電圧計となる。レイアウトやブラックフェイスはEF81形ゆずり。

運転台の右側に設けられた配線用遮断器のスイッチ。左から運転室灯、ATS・EB、調圧器、送風機制御、標識灯(入換)、標識灯(本線)。

運転席の上部にも装置などが並ぶ。左上はデジタル無線と交流(架線)電圧計。

マスコン右手のキャビネット内には、前後のブレーキ弁の選択と、重連時の釣合引通管の切り換えを行う切換コック(通称・重連コック)がある。

左から交流(架線)電圧計、光線除ケ、空気窓フキ器(光線除ケの奥)、ATS警報持続スイッチ、ATS表示器、ATS警報機。

貫通扉の上には網ダナがあり、その右は防護無線電源。天井にはATS関連の機器が追加設置されている。

保安装置の変更で、天井に多くの機器が設置されているのが分かる。天井の凹み部分には扇風機が設置されており、屋上のパンタグラフ前にある突起はこの部分である。

助士側の天井に設けられた信号炎管。防護無線が完備された現在では使用停止となっている。(JR東日本の新製車では、E493系量産車から信号炎管の設置はない)

助士席

助士側の前面にはさまざまな装置が設置されている。後年に追加されたものが多い。

奥側に並んだ配線用遮断器スイッチ。左から防護無線、緊急防護、予備灯、正面窓。右が追加された GPS スイッチ。

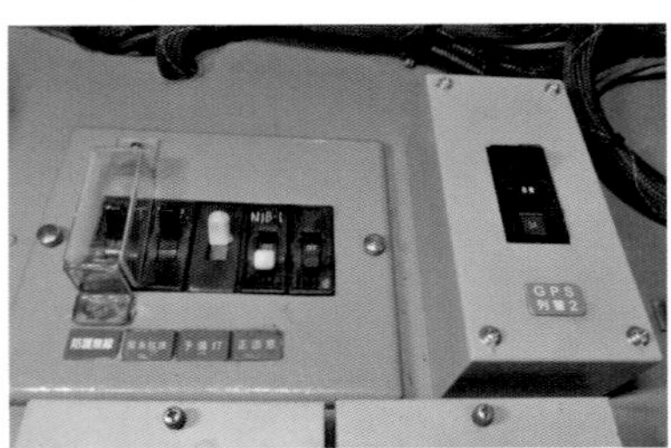

上下に搭載された ATS-Ps の操作箱。

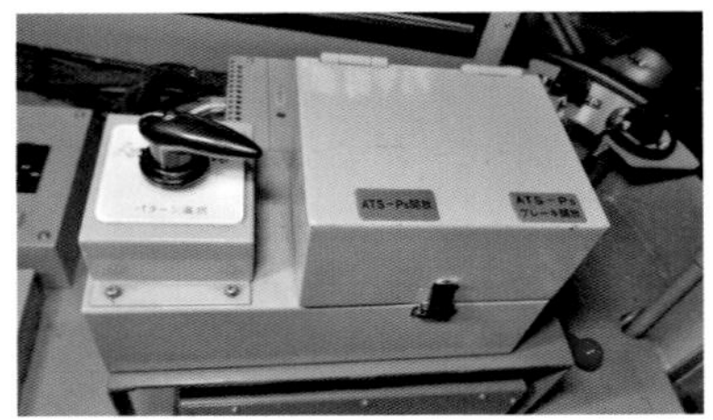

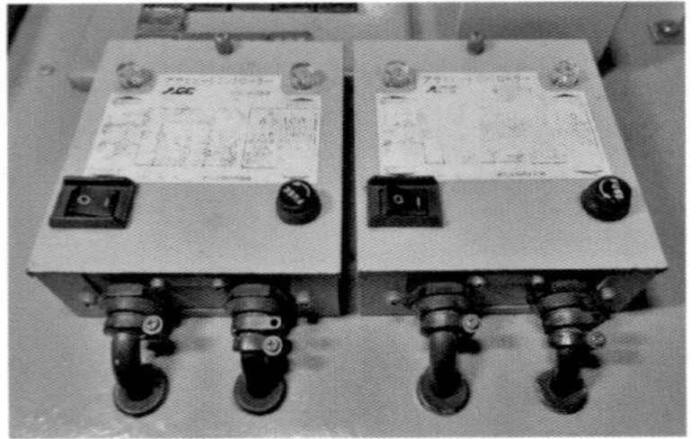

手前側に追加された前面窓のヒートコントローラー。

助士側の側面にも笛弁が設けられている。配管に斜めに取り付けられているのはハイフロ電磁弁。TE装置を扱った際に気笛を吹鳴するためのエア流量を多くしている。

第1制御箱

1エンド側の運転室背面に設けられた第1制御箱。さまざまなスイッチが並ぶ制御箱の有無が、1エンドと2エンドの大きな違い。

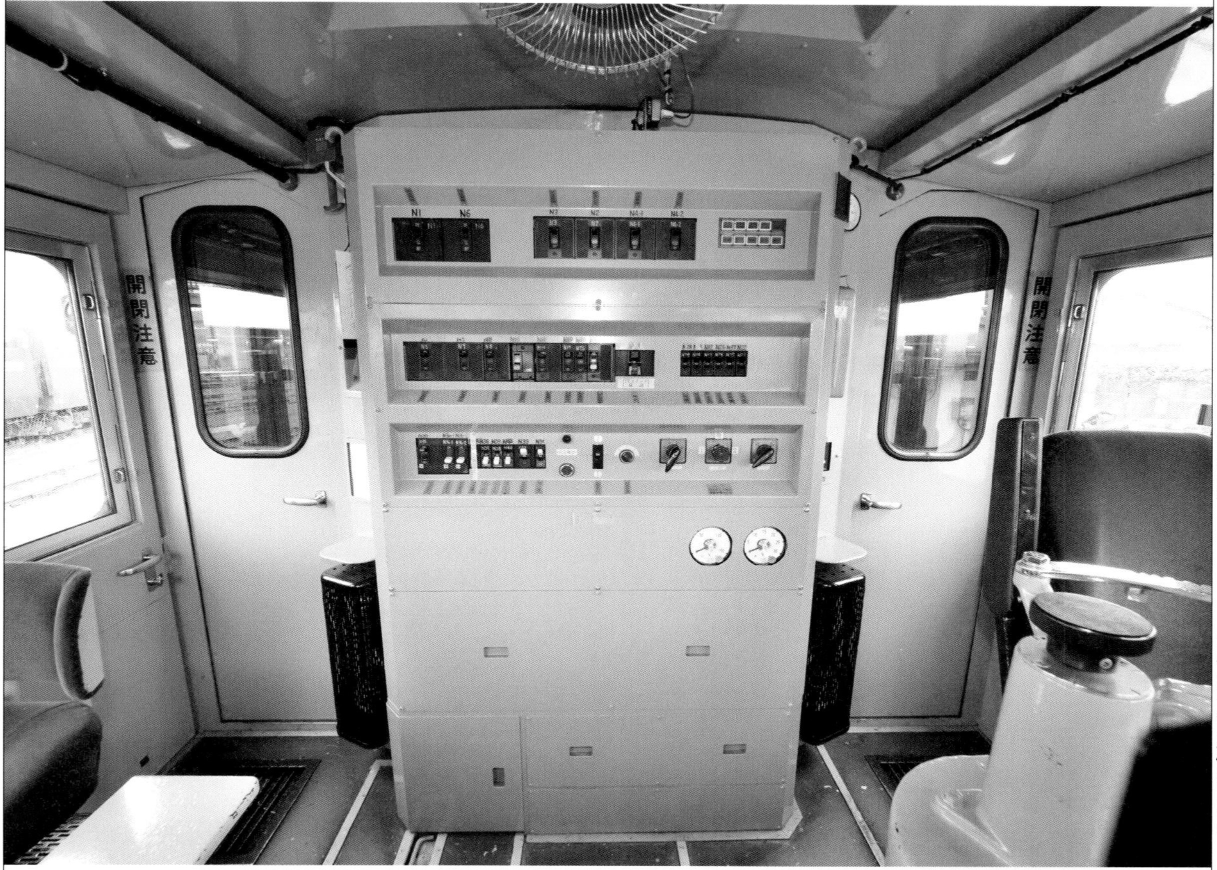

第1制御箱の2位側側面は配置がやや異なる。上から制御空気ダメ圧力計、元空気ダメ圧力計。

圧力計の下には暖房器、暖房器強のスイッチを配する。

下にある黒い網箱は運転室の電気暖房器。1位側、2位側の両側に設置する。

運転室から機器室に入る途中にあるスイッチ類。写真は第1制御箱の1位側側面。赤いハンドルはTE装置の非常引きスイッチ。その下は機械室灯切換スイッチ。記録式速度計は使用停止になっている。

運転室
2エンド

2エンド側の運転室は、重要機器の有無と手ブレーキが1エンド側との違いになってくる。ED75形の場合、運転台そのものはほぼ共通だが、背後の制御箱が第2制御箱となり、スイッチがほとんどない。

運転席の真後ろから見た2エンド側の運転台全景。助士側に手ブレーキハンドルがあるのが2エンドの証し。
窓の向こうに秋田のもう1両の ED75形、767 号機が見える。

2エンド側の運転台に並ぶ計器やスイッチ類は、1エンド側と大差ない。側窓上には「ED75-777」の文字。

助士側から見た2エンド側の運転室全景。1エンド側と同様に、助士側の台にも機器類が並ぶ。手ブレーキハンドル奥の卓上にある赤い棒は、手ブレーキ緊解表示器。手ブレーキを使用中にこの棒が飛び出して、緊締中であることが確認できる。

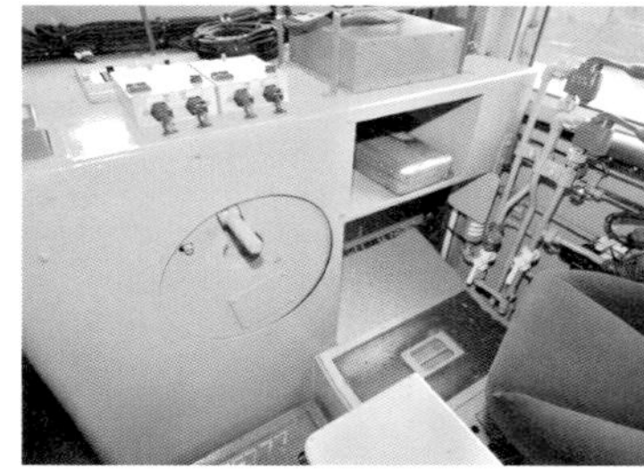

2エンド側の助士側に設けられた手ブレーキハンドル。手ブレーキを緩解する際は取っ手を折り畳む。

2エンド側の運転室背面に設けられた制御箱は、第2制御箱となる。1エンド側の第1制御箱と比べ、表に出ているスイッチは右上の開口部の9つのみ。

機器室

ED75形では、D級の小型の車体に機器がぎっしりと搭載されている。700番代は主変圧器と主整流器などが小型化されたが、その分、パンタグラフ断路器や真空遮断器が機器室内にあるため、機器室内は機器でいっぱいだ。102〜103ページでは機器室を4方向と中央部から、104〜105ページでは個別の機器を掲載する。

1エンド

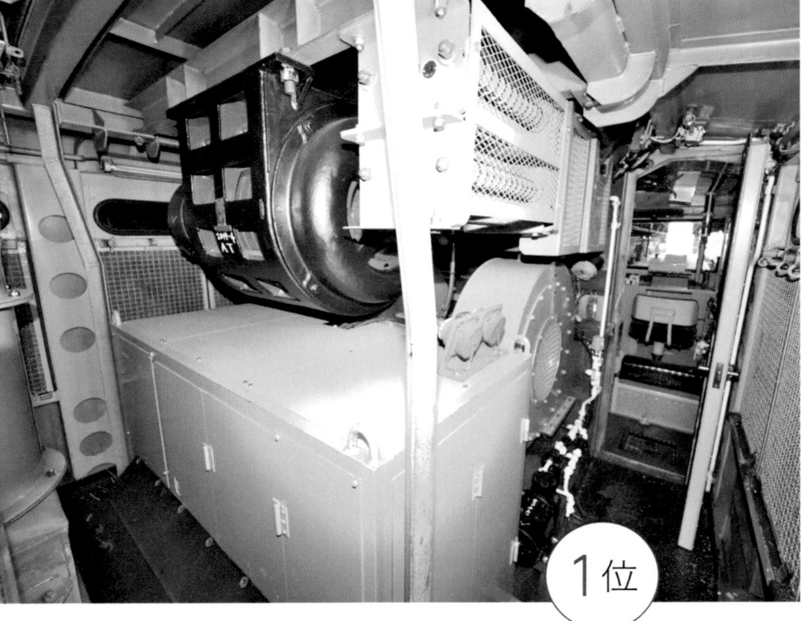

1位

相変換器、主電動機用送風機越しに1エンドの助士側を見た様子。

左の写真の撮影位置から2エンド側を見る。上の網の中は真空遮断機など、下は主変圧器。

2位

1エンドの運転席後方から見た機器室。下の大きな円形は主電動機用送風機。その奥の黒い円筒は相変換器にある交流発電機。

車体中央付近から手前下の磁気増幅器と、奥側の主整流器。磁気増幅器上部には主整流器冷却器が載り、上部の円筒形のものは電動送風機。屋上には排気口が左右2カ所ある。

磁気増幅器の上には屋根の通風口を開閉するハンドルがある。冬期と留置中に風雨が強い際は閉じる。

冷却風取入口の内側にはフィルターが装着され、その上に明かり取り窓が付く。フィルターは上の固定ハンドルを回して交換できる。

2エンド

3位

機器の間には、反対側に渡れる通路もある。右は主整流器、左は高圧機器枠。

2エンドの運転席後方から見た機器室。下は電動空気圧縮機。

4位

2エンド寄りには両側とも遮断器などの高圧機器が搭載されている。

2エンドの助士側後方から見た機器室。手前上は界磁抵抗器。

1エンド

14　左／相変換器
13　右／相変換器起動抵抗器

16・17
上／パンタグラフ断路器・真空遮断器
20　下／主変圧器

12　電動送風機

14　上／相変換器
15　下／補助機器枠

1位

2位

第1制御箱背面

主変圧器用電動送風機（奥はパンタグラフ断路器）

11　自動電圧調整器

12　電動送風機

14　相変換器、交流発電機

15　補助機器枠

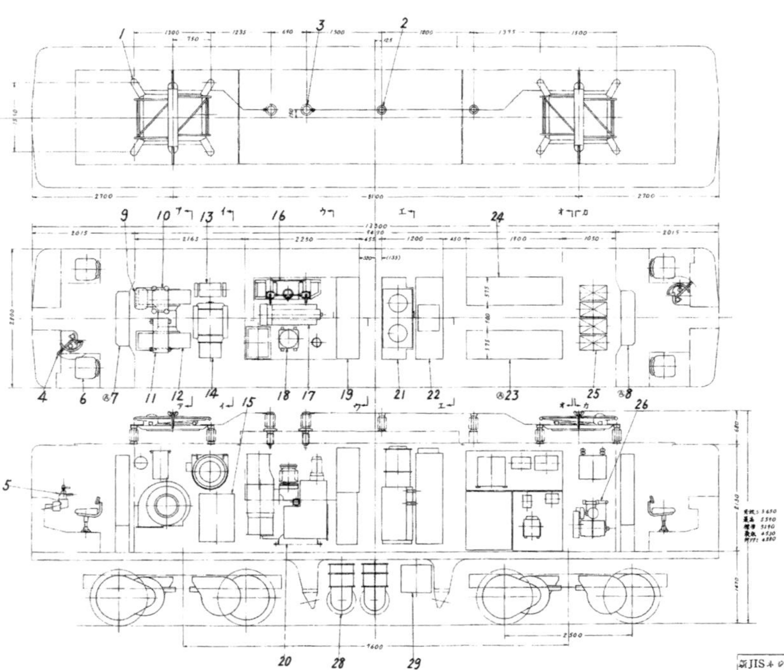

2エンド

24　高圧機器枠
（内部に交流避雷器、真空遮断機など）

25　界磁抵抗器

26　電動空気圧縮機

19　タップ切換器

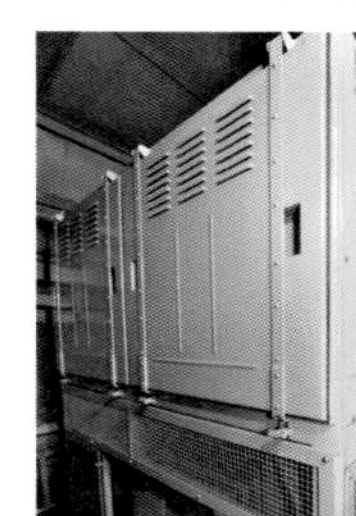

21　磁気増幅器

22　主整流器

3位

18　交流避雷器

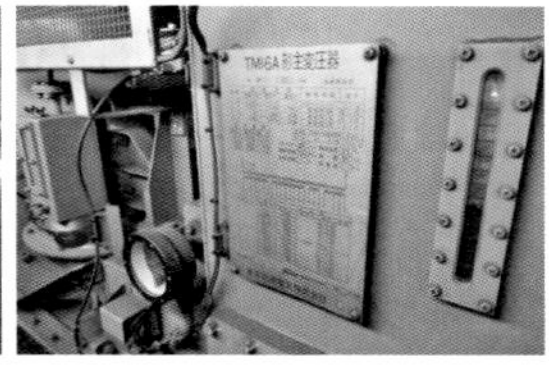

20　TM16A形主変圧器（計器は温度計）

4位

26　電動空気圧縮機

19　タップ切換器

21　手前／磁気増幅器、主整流器冷却ファン
奥／主整流器

主整流器冷却ファンのアップ

25　界磁抵抗器

23　高圧機器枠

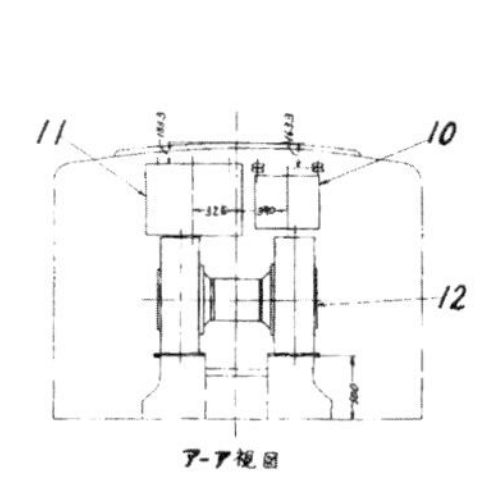

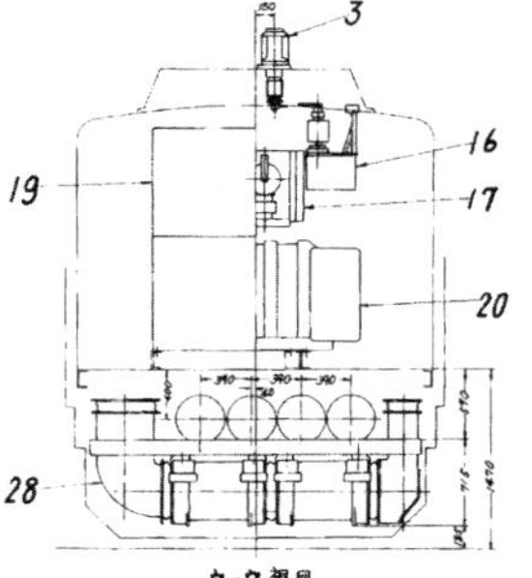

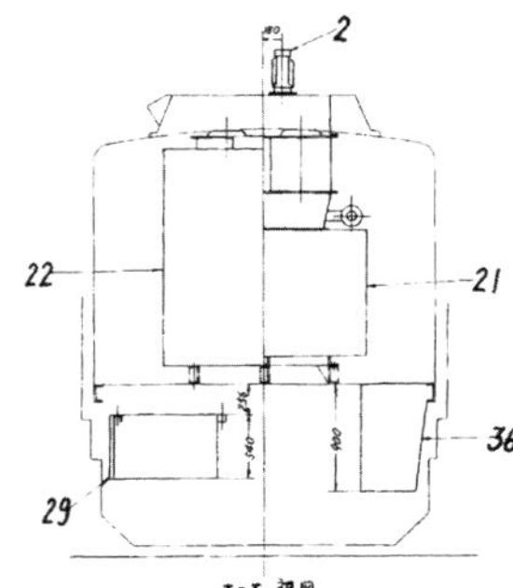

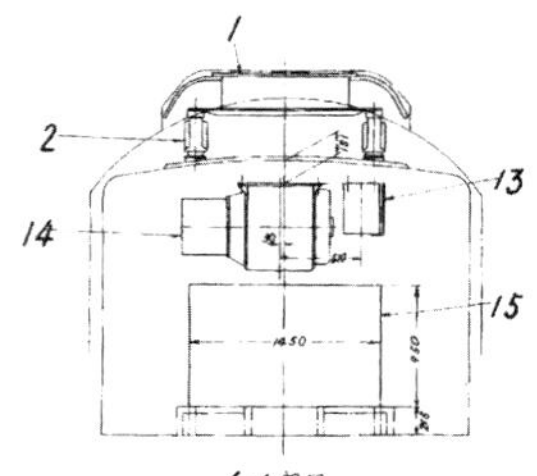

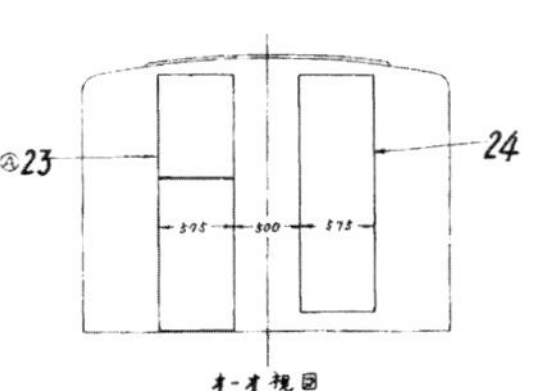

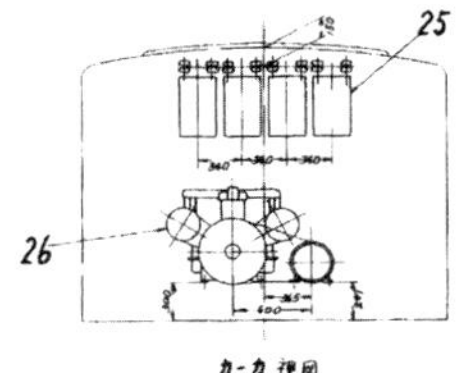

台車・床下機器

D型で中間台車のないED75形は、中央部に主平滑リアクトルと蓄電池があるのみだが、独特な台車構造を理解した上で見直すと、実に興味深い。ここではスカート、ジャンパ連結器も合わせて取り上げる。

スカート・ジャンパ連結器

1エンド

1エンドのスカート

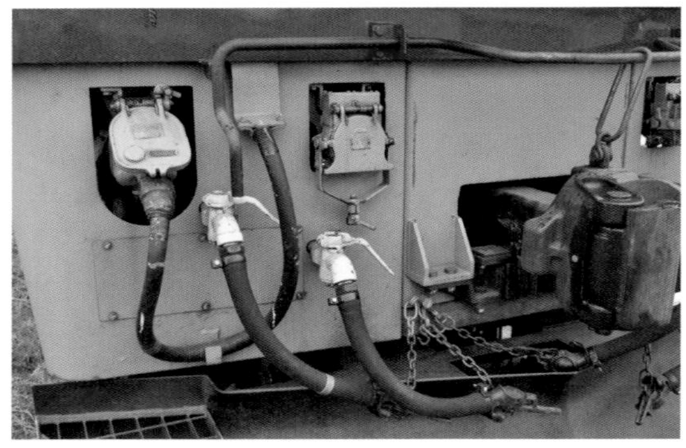

助士側のジャンパ連結器とホース連結器。

電気連結器
左／KE3Hジャンパ連結器栓納め
右／KE77Aジャンパ連結器栓受け
ホース連結器
左／元空気ダメ引通管
右／釣合引通管

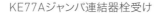

KE3HBジャンパ連結器栓受け

KE77Aジャンパ連結器栓受け

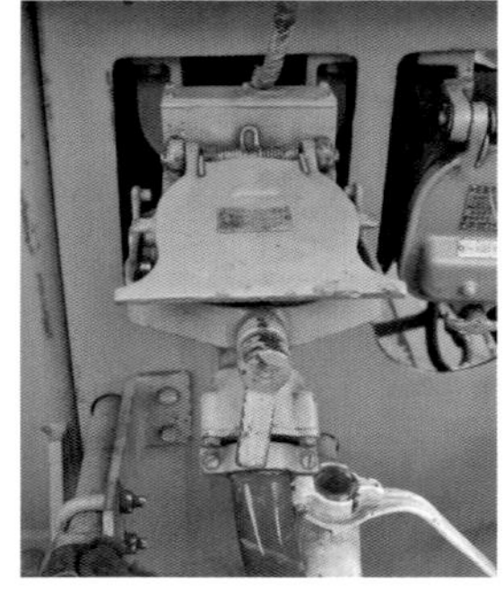

2エンド

2エンドのスカート

運転席側のジャンパ連結器とホース連結器。

電気連結器
左／KE77Aジャンパ連結器栓
上／KE77Aジャンパ連結器栓納め
右／KE3HBジャンパ連結器栓受け
ホース連結器
左／ブレーキ管　中／釣合引通管
右／元空気ダメ引通管

ステップ（踏段）は平板と棒を格子状に組み付けたものをスノープロウに溶接している。

スノープロウを裏側から見た様子。M・P型の途中から2カ所で支持する方式に変わり、700番代はすべてこの形状。EF81形では106度の角度を持った鋭角気味のスノープロウだが、ED75形では全長やジャックマンリンクの関係もあって、角度の浅いものが使用されている。

台車·床下機器

1エンド側の DT129P 台車。2-4 位側のジャックマンリンクは車体中央部寄りに結合されている。

1エンド側の DT129P 台車から伸びたリンクは、防振ゴムを介して車体足に結合されるが、逆三角形の防振ゴム座は車輪直径の変化に対応する調整用シムを挟むため、取付ボルトが長くなっている。

2エンド側の DT129H 台車から伸びたリンクと車体足。軸受下には案内があってリンク押棒がその中を通っている。

2エンド側の DT129H 台車。リンクは台車中央で反対側に結合されている。

2-4 位側の床下機器。主平滑リアクトルは水平に設置されていて、縦の円筒形部分は電動送風機。主平滑リアクトルの上部に元空気ダメがあるが、外側からはよく見えない。

左／主平滑リアクトル　右／蓄電池

3-1 位側の床下機器。左右をまたぐ主平滑リアクトルの上に元空気ダメ、供給空気ダメが設置される。冬期は冷却風排気口に蓋を取り付けて、冷却風を機器室内循環にする。

左／空制保温箱　右／主平滑リアクトル冷却風排気口

機関車から事業用気動車へ
2度目の転換期にあるED75形

本書の取材のため、秋田総合車両センター南秋田センターの検修庫に収まるED75形777号機。秋田地区の主力、701系電車と並ぶ。

かつては寝台特急「あけぼの」や「日本海」などを牽引していた秋田地区のED75形700番代だが、EF81形によるスルー運転、列車の廃止などにより定期運用が減少し、現在では臨時列車、レールや砕石を輸送する工臨列車、機関車や気動車の入出場のための回送列車が主な用途である。

そのため出番は少なく、一般の人にはいつ走るかを把握することさえ困難だが、秋田総合車両センター南秋田センターではいつ運用が入ってもいいようにしっかりと保守管理されている。

仙台車両センターに所属する3両のED75形700番代も元々は秋田の車両で、現在の役割は秋田の2両と同様である。

しかし、レール輸送用のキヤE195系気動車、砕石輸送用のGV-E197系気動車、回送用のE493系電車の登場で、旅客会社の機関車が置かれる環境は大きく変わってきている。定期運用を持たない5両のED75形の行く末に注目が集まる。

今回の取材でお世話になった秋田総合車両センター南秋田センターの皆さん。左から運用副長の嵯峨一志さん、松本興樹さん、小玉元睦さん。

第5章

ED79形の概要

国鉄分割民営化後の1988年3月13日、本州と北海道とを海底トンネルで結ぶ青函トンネルが開業した。そこで専用の機関車として投入されたのがED75形700番代を改造したED79形である。第5章ではED75形を種車にした背景、主な改造点、改造により進化した点などを解説する。

青函トンネル用改造車 ED79形

青函トンネルの開業はJR化後だが、ED75形700番代からED79形への改造は国鉄末期に始まった。さらにJR貨物では50番代を新製した。改造車という点から、技術面で注目されることが少ない形式だが、実は国鉄交流電気車の集大成ともいえる内容で大変興味深い。

長い海底トンネルを走り、「青函隧道」の扁額が掛けられた本州側出口から出てきたED79形6号機と102号機の重連貨物列車。トンネル内の高湿度のため、機関車前面に結露が発生している。津軽今別～木古内間　2002年10月11日　写真／高橋政士

青函トンネル開通までの背景と経緯

本州と北海道を直接鉄路で結ぶ青函トンネルは、1946（昭和21）年から国鉄により地質調査が開始され、1954（昭和29）年の洞爺丸事故を契機に実現へ向けて本格的に具体化した。1961（昭和36）年3月23日に建設開始。1971（昭和46）年には工事線となり、青函トンネルは新幹線を通せる構造で建設されることになった。同年11月14日には本工事に着手、先進導坑の掘削が始まった。

1983（昭和58）年1月27日には先進導坑が貫通。1985（昭和60）年には本抗が貫通した。1987（昭和62）年4月1日の国鉄分割民営化時には線路設備などはJR北海道が所有することになり、同年9月28日にはDD51形牽引による建築限界測定車による試運転が行われた。10月21日には電車による試運転も実施。11月に青函トンネルは完成となった。工事全体の殉職者は34人。本体の建設費には7455億円を費やし、1988（昭和63）年3月13日に供用開始された。

新幹線用として建設が進められた青函トンネルだが、着工開始の頃とは社会情勢が大きく変化しており、東北新幹線も盛岡までしか開通しておらず、国鉄の財政事情もあって青函トンネルについてはどのような形態で使用するか検討が行われてき

た。1984(昭和59)年4月には青函トンネル問題懇談会が複数の案を答申したが、いずれも在来線として使用することが妥当であるということから、当面は在来線として供用を開始することとなった。

青函トンネル専用機関車開発までの経緯

当初、青函トンネル区間は新幹線と共用することから、貨物列車を最高速度160km/hと高速化する必要があり、大容量の電気機関車の開発が構想された。海底トンネルという特殊性から出力を大きく取れ、なおかつ信頼性の高いVVVFインバータ制御の機関車を開発する試みも行われ、1979(昭和54)年から翌年にかけて台上試験も行われた。

しかし、前述のように青函トンネルの輸送条件は在来線と変わりないものとなったため、トンネル内を走行するための信頼性が確保されるのであれば従来の機関車でも十分となった。折から1984(昭和59)年2月ダイヤ改正によって貨物列車の運行体制が大きく変わったことから、貨物用の電気機関車に多くの余剰が発生しており、これらを改造して充当する方針が決定された。

青函トンネルは全長が53.85kmある当時世界最長のトンネルであり、ほぼ中間点を境界に12‰の勾配が連続している。環境面ではトンネル内の温度は年間を通して17℃前後、湿度はほぼ100%であるにもかかわらず、地上は寒冷地であり、トンネル内外で温度の急変もある。それに加えて雪害や塩害を考慮する必要もある。さらに列車は寝台特急の110km/hから、1,000 t 高速コンテナ列車までと幅広い性能が求められる。また、新幹線用の信号保安設備としてATCが使用されることから、これにも対応が必要となる。改造に際しては以上のような条件を踏まえて種車をED75形700番代に選定した。

ED75形700番代を種車として選定した理由は、下記の通りである。

■最終増備車が新製されてから10年程度、初期車の新製からでも15年程度と交流電気機関車としては最も新しいものであること。

■元来、奥羽本線・羽越本線用として耐寒耐雪構造に加え塩害対策も十分であったこと。

■トンネル内の交流–交流セクションでは新幹線対応の切換方式が採用されるが、本州側と北海道側は独立した別電源であることから、周波数は同じ50Hzであるものの同期しておらず、混触しないように遊流防止設備が設けられる。帰線電流の流れるレールも絶縁する必要があるが、この時に輪軸のパンタグラフの相対位置が問題になり、ED75形700番代では動軸より後ろ側にパンタグラフがあり、この部分は無改造で使用できること。

これらの上げられた条件に最も合致しているのがED75形700番代だった。奥羽本線・羽越本線の機関車運用についても、貨物列車用機関車が余剰気味であったことから各地の運用を見直し、日本海縦貫線をEF81形で通し運用することで、ED75形700番代の所要両数を確保した。同時に機関車交換の手間を省くことも可能となった。

従来であれば日本海縦貫線の通し運用などは難しいものであったが、EF81形は元々耐寒耐雪、塩害対策を厳重に施した信頼性の高い機関車であり、長年メンテナンスフリーと信頼性向上に取り組んできた国鉄の努力が思わぬ形で生きたものともいえよう。

このようにして海峡線用の交流電気機関車ED79形が登場することが決定した。

正式開業前に快速「海峡」で使用する50系5000番代を従えて試運転をする、JRマーク貼付前のED79形10号機。前面はスカートの向かって右側、重連用のKE96Hと、電磁自動ブレーキのKE72ジャンパ連結器栓受けがあるのがED75形700番代との相違点。周囲が非電化区間であるため、貫通扉屋上部分に架線注意標識があるのが電気機関車としては珍しい。函館　1987年12月21日　写真／児島眞雄

ED79形0番代

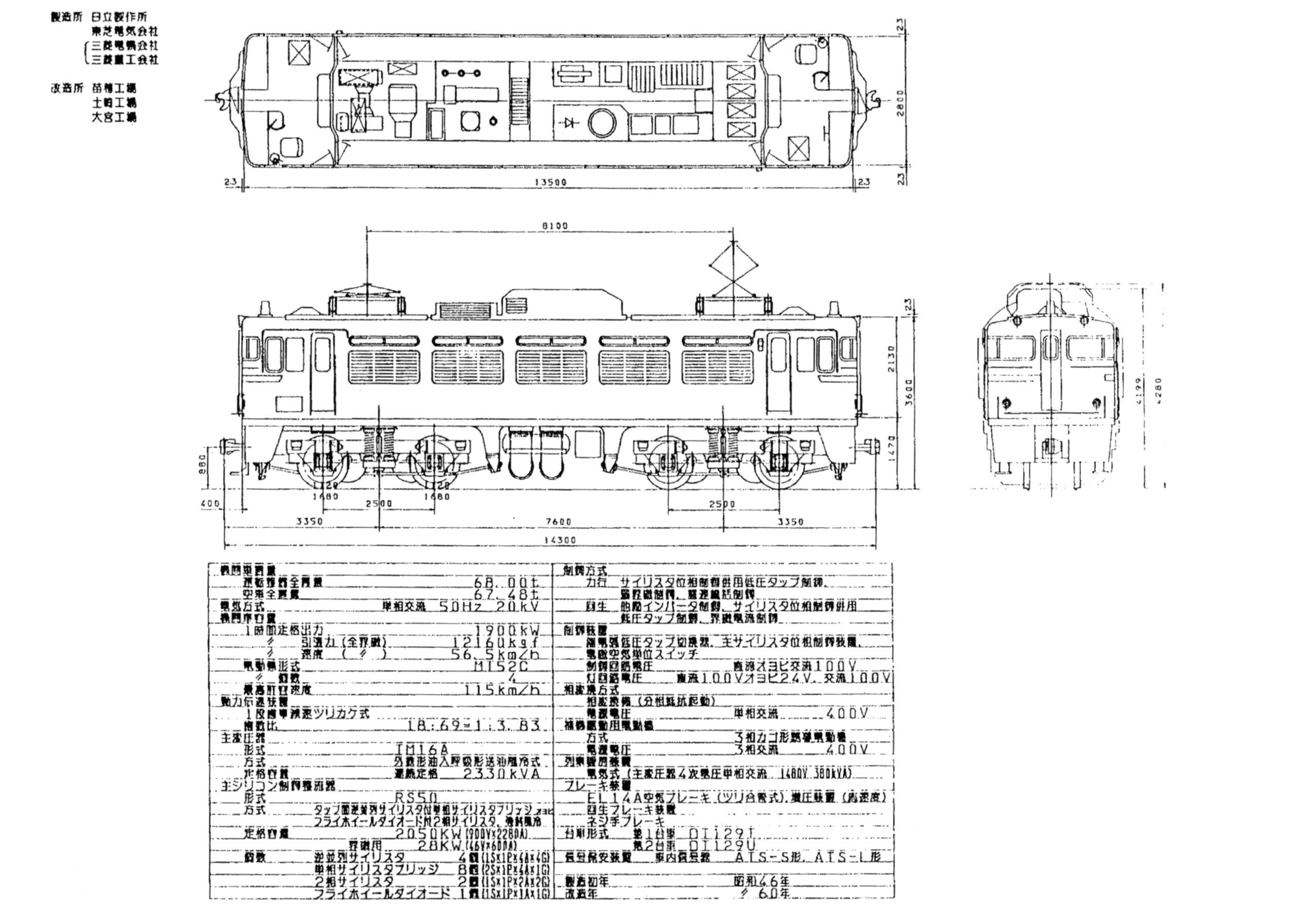

機関車重量	
運転整備全重量	68.00t
空車全重量	67.48t
電気方式	単相交流 50Hz 20kV
機関車容量	
1時間定格出力	1900kW
〃 引張力（全界磁）	12160kgf
〃 速度（〃）	56.5km/h
電動機形式	MT52C
〃 個数	4
最高許容速度	115km/h
動力伝達装置	
1段歯車減速ツリカケ式	
歯数比	18:69=1:3.83
主変圧器	
形式	TM16A
方式	外鉄形油入呼吸形送油風冷式
定格容量	連続定格 2330kVA
主シリコン制御整流器	
形式	RS50
方式	タップ間逆並列サイリスタ付単相サイリスタブリッジオヨビフライホイールダイオード付2相サイリスタ、強制風冷
定格容量	2050KW (900V×2280A)
界磁用	28KW (46V×600A)
個数	逆並列サイリスタ 4個 (1S×1P×4A×4G)
	単相サイリスタブリッジ 8個 (2S×1P×4A×1G)
	2相サイリスタ 2個 (1S×1P×2A×2G)
	フライホイールダイオード 1個 (1S×1P×1A×1G)

制御方式	
力行	サイリスタ位相制御併用低圧タップ制御、弱界磁制御、[illegible]
回生	他励インバータ制御、サイリスタ位相制御併用低圧タップ制御、界磁電流制御
制御装置	誘導器低圧タップ切換器、主サイリスタ位相制御装置、電磁空気単位スイッチ
制御回路電圧	直流オヨビ交流100V
灯回路電圧	直流100Vオヨビ24V、交流100V
相変換方式	
相変換機（分相抵抗起動）	
電源電圧	単相交流 400V
補機駆動用電動機	
方式	3相カゴ形誘導電動機
電源電圧	3相交流 400V
列車暖房装置	
電気式（主変圧器4次電圧単相交流 1480V 380kVA）	
ブレーキ装置	
EL14A空気ブレーキ（ツリ合管式）、増圧装置（高速度）	
回生ブレーキ装置	
ネジ手ブレーキ	
台車形式	第1台車 DT129T
	第2台車 DT129U
信号保安装置	車内信号器 ATS-S形、ATS-L形
製造初年	昭和46年
改造年	〃 60年

ED79形100番代

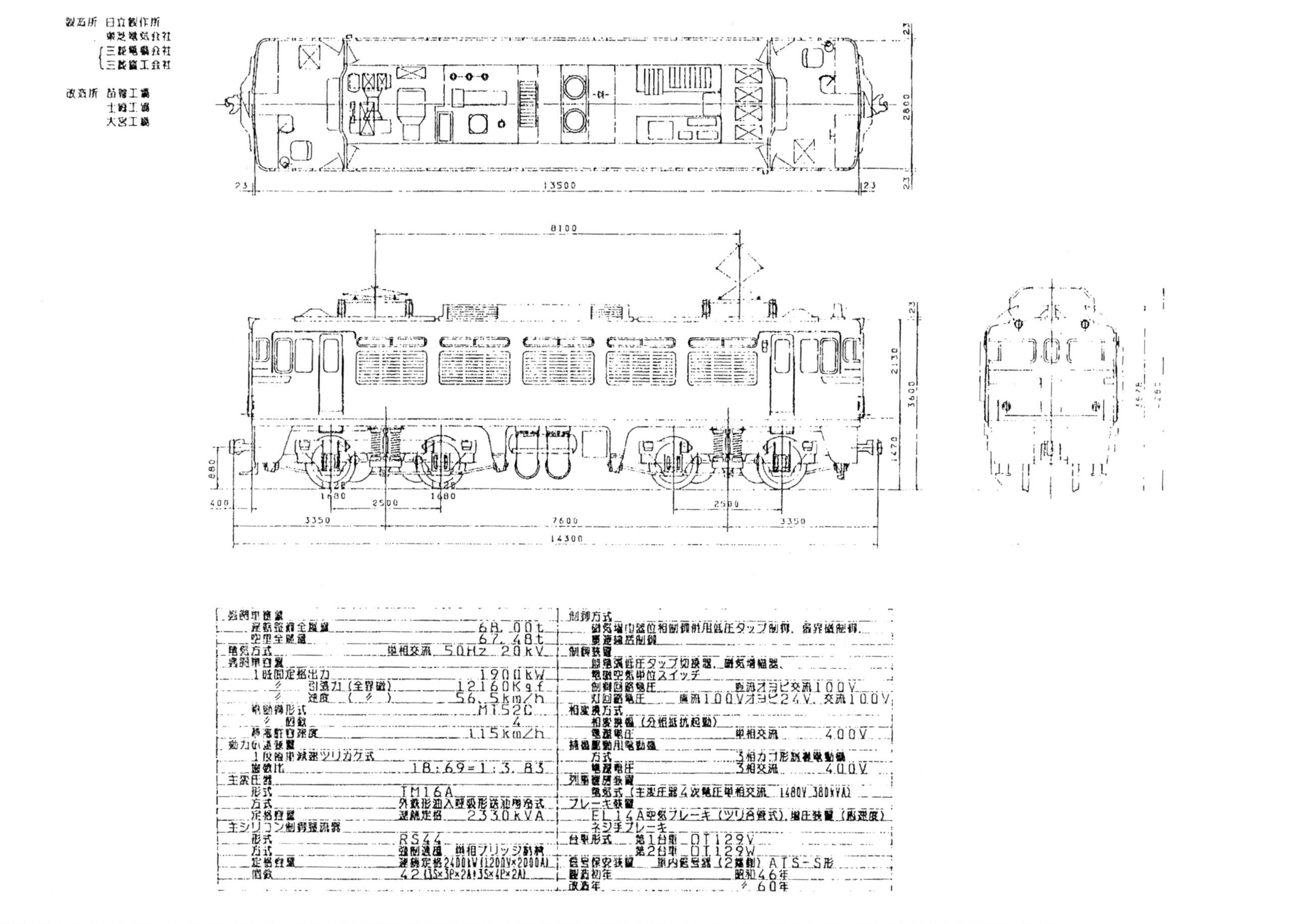

機関車重量	
運転整備全重量	68.00t
空車全重量	67.48t
電気方式	単相交流 50Hz 20kV
機関車性能	
1時間定格出力	1900kW
〃 引張力(全界磁)	12160Kgf
〃 速度(〃)	56.5km/h
電動機形式	MT52C
〃 個数	4
最高許容速度	115km/h
動力伝達装置	
1段歯車減速ツリカケ式	
歯数比	18:69=1:3.83
主変圧器	
形式	TM16A
方式	外鉄形油入呼吸形送油風冷式
定格容量	連続定格 2330kVA
主シリコン制御整流器	
形式	RS44
方式	強制通風 単相ブリッジ結線
定格容量	連続定格2400kW(1200V×2000A)
個数	42(3S×3P×2A+3S×4P×2A)

制御方式	
磁気増幅器位相制御併用低圧タップ制御、弱界磁制御、	
重連総括制御	
制御装置	
[illegible]低圧タップ切換器、磁気増幅器、	
電磁空気単位スイッチ	
制御回路電圧	直流オヨビ交流100V
灯回路電圧	直流100Vオヨビ24V、交流100V
相変換方式	
相変換機(分相抵抗起動)	
電源電圧	単相交流 400V
補機駆動用電動機	
方式	3相カゴ形誘導電動機
電源電圧	3相交流 400V
列車暖房装置	
電気式(主変圧器4次電圧単相交流 1480V 380kVA)	
ブレーキ装置	
EL14A空気ブレーキ(ツリ合管式)、増圧装置(高速度)	
ネジ手ブレーキ	
台車形式	第1台車 DT129V
	第2台車 DT129W
信号保安装置	車内信号器(2燈式) ATS-S形
製造初年	昭和46年
改造年	〃 60年

ED75形からED79形へ改造の基本方針

形式はED78形の後を継いでED79形となった。国鉄最後の新形式交流電気機関車となり、同時に交流電気機関車形式のラストナンバーとなった。改造に際しては長大トンネルを走行するための信頼性と安全性を確保し、国鉄の財政上、可能な限り種車の機器を活用することが求められた。

客車列車は約500 tであるため単機牽引で十分で、1,000 tの貨物列車は重連となる。12‰の勾配を下る際に勾配抑速ブレーキが必要になるが、この場合空気ブレーキを使用すると制輪子や車輪の発熱を招くことになり都合が悪い。

すでにED78形・EF71形では、交流電力回生ブレーキを使用した勾配抑速ブレーキが実用化されていたので、これを採用することとしたが、12‰の下り勾配では1,000 tの貨物列車でも抑速ブレーキ力は1両で足りることから、抑速回生ブレーキ付きの0番代の本務機と、その機能を持たない100番代の補助機関車（補機）とに分けて改造することとし、改造費の低減を図った。

信号保安設備は将来の新幹線の運転に備えて、新中小国信号場〜木古内間を当初からATCとしているが、機関車のブレーキは自動空気ブレーキであり、ATC用に電磁直通ブレーキを増設するには大改造が必要となる。そのため軌道回路による速度照査型ATSのように機能するATC-Lが採用された。「L」はLocomotiveのLである。

ATC-L制御装置は本務機のみに搭載することとし、補機には信号受電器と車内信号装置、操作機器のみを設置することとした。同時に本務機と補機の向きと連結位置を固定して改造費の低減を図っている。よって補機単独では青函トンネル区間を走行できない。

ED79形100番代を先頭にした貨物列車。100番代の1エンド側は保安機器の都合で青函区間で先頭に立てないが、下り列車は100番代の2エンド側が先頭になった。新中小国信号場　2005年11月13日　写真／高橋政士

COLUMN

「ED79形」形式名の興味

ED75形700番代の技術的原型ともいえるED76形500番代は、実際はED76形0番代とはかなり異なる機関車であり、ED77形の後に登場していることから、仮にED76形500番代がED77形であった場合、順番的にED78形はED79形となる。80番代は交直流電気機関車、90番代は試作車の数字であったことを考えると、海峡線用のED79形はどのような形式になったのか興味深いところである。ED100形であったなら、かつて自由形として販売されたHOゲージの製品と同じで面白かったと思うが……。

また台車形式のサフィックスも100番代第2台車のDT129Wまでいったので、次は試作を表すサフィックスのDT129Xとなってしまうが、これもギリギリで回避しており、もしこれより増えたらどうなったかと、色々と想像を巡らすことになる。

主な改造点と番代の違い

本務機(0番代)

ED75形700番代からの改造点と、補機(100番代)との相違点は下記の通りである。

■制御方式を「サイリスタ位相制御併用低圧タップ切換制御回生ブレーキ制御付き」に変更。

■補機との重連運転に備えて安定抵抗器を屋上に増設。

■自動空気ブレーキに常用促進ブレーキ制御、自動早込メ制御、ブレーキ管(BP)自動補給制御などの機能を追加。

■主電動機を車軸に吊り掛ける支え軸受をアクスルローラ(コロ軸受け)化して故障防止を強化。

■高速運転に備えて歯数比を4.44から3.83と高速化。

■ATC-L制御装置の搭載。上下線で受電信号が異なることから、1エンドを青森方に向きを固定。

■連結位置が限定されたことから新設する電気連結器取付位置を限定。

■運転台に車内信号機を搭載。ATC-L関係の操作機器を運転台に増設。(1・2エンドとも)

ED79形の主要諸元とED75形700番代との比較

項目 \ 形式		ED75形700番代	ED79形0番代(本務機)	ED79形100番代(補機)
運転整備重量		67.2t	68.0t	←
電気方式		単相50Hz、20kV	←	←
定格1時間	出力	1900kW	←	←
	引張力	14100kgf	12160kgf	←
	速度	49.0km/h	56.5km/h	←
最高許容速度		100km/h	115km/h	←
主電動機形式		MT52A	MT52C	←
台車	形式	DT129P・H	DT129T・U	DT129V・W
	動力伝達方式	1段減速吊掛式 (軸受部:サスメタル式)	← (軸受部:コロ軸受式)	← ←
	歯数比	16:71=1:4.44	18:69=1:3.83	←
制御方式	力行	・重連 ・無電弧低圧タップ切換 ・タップ間電圧磁気増幅器連続制御 ・弱め界磁制御	← ← ・タップ間電圧連続位相制御 ←	← ← ・タップ間電圧磁気増幅器連続制御 ←
	回生	−	・他励インバータ制御(制御位相角一定) ・無電弧低圧タップ切換 ・タップ間電圧連続サイリスタ位相制御 ・界磁電流制御	−
制御装置		・低圧タップ切換器 ・主整流器 ・磁気増幅器	・低圧タップ切換器 ・主制御整流器	・低圧タップ切換器 ・主整流器 ・磁気増幅器
ブレーキ方式		EL14A	EL14A(BP圧制御装置付)	←
ATS		ATS-S	ATS-S 青函ATS	← ←(受電器、車内信号器、操作機器表示灯のみ2エンド側に搭載)

■凍結防止のため運転室前面ガラスの熱線入りガラスの容量アップ。(1・2エンドとも)
■ワイパ切換弁の強化。(1・2エンドとも)
■気密化のため運転室側窓をユニットサッシ化。(1・2エンドとも)
■側面冷却風取入口のフィルタ押えを腐食防止のためステンレス化。

補機(100番代)

ED75形700番代からの改造点と、本務機(0番代)との相違点は下記の通りである。
■制御方式「低圧タップ制御磁気増幅器無電弧切換」と変わらないため機器室はほぼ従来のまま。
■自動空気ブレーキに常用促進ブレーキ、自動早込メ、ブレーキ管(BP)自動補給などの機能を追加。
■主電動機を車軸に吊り掛ける支え軸受をアクスルローラ(コロ軸受け)化して故障防止を強化。
■高速運転に備えて歯数比を4.44から3.83と高速化。
■2エンド運転室は本務機と同様に車内信号機を搭載。ATC-L制御装置は非搭載。

ED79形6号機の車体側面。ナンバープレートはステンレスをエッチング処理したものを装着。製造銘板は左寄りに付き、その右隣に土崎工場の改造銘板、台枠中央にJR北海道の銘板が付く。青森　1993年8月10日　写真／林 要介

■1エンド運転室はほぼ従来のまま。
■凍結防止のため運転室前面ガラスの熱線入りガラスの容量アップ。(函館方2エンドのみ)
■ワイパ切換弁の強化。(函館方2エンドのみ)
■気密化のため運転室側窓をユニットサッシ化。(函館方2エンドのみ)
■側面冷却風取入口のフィルタ押えを腐食防止のためステンレス化。

ED79形の構造

台車

基本的な構造は種車となったED75形700番代と同じDT129だが、駆動装置の変更、ATC-L車上子の増設などの改造がなされているため、0番代の第1台車はDT129T、第2台車はDT129U。100番代の第1台車はDT129V、第2台車はDT129Wとなった。

台車枠の構造に大きな変化はないが、前述のようにATC-L車上子を雪カキ器取付脚に新設(100番代は2エンドのみ)したため、ATS-S車上子を第2台車の車体中央寄りに移設している。

輪軸はアクスルローラ化に伴って車軸形状を変更し、一体圧延車輪とした。なお、0番代の第3軸3-1側にはATC-Lの車速検知用に車軸発電機を増設したため、軸端に加工を施している。また、接地装置を第1・4軸に追加している。

駆動装置

台車関係でED75形700番代時代と大きく変わるのは駆動装置だ。駆動方法自体は吊掛式だが、車軸支え軸受部(サスメタル)を長年使い続けてきた平軸受けからコロ軸受けのアクスルローラに変更した。平軸受けだと軸受部分のメタルと車軸の間に水が入ったり、メタルと車軸の摩耗によってガタが生じ、これによって主電動機の異常振動が発生したり、小歯車と大歯車の距離が変化し、歯車の異常摩耗につながることもあった。

ED79形式改造の概要

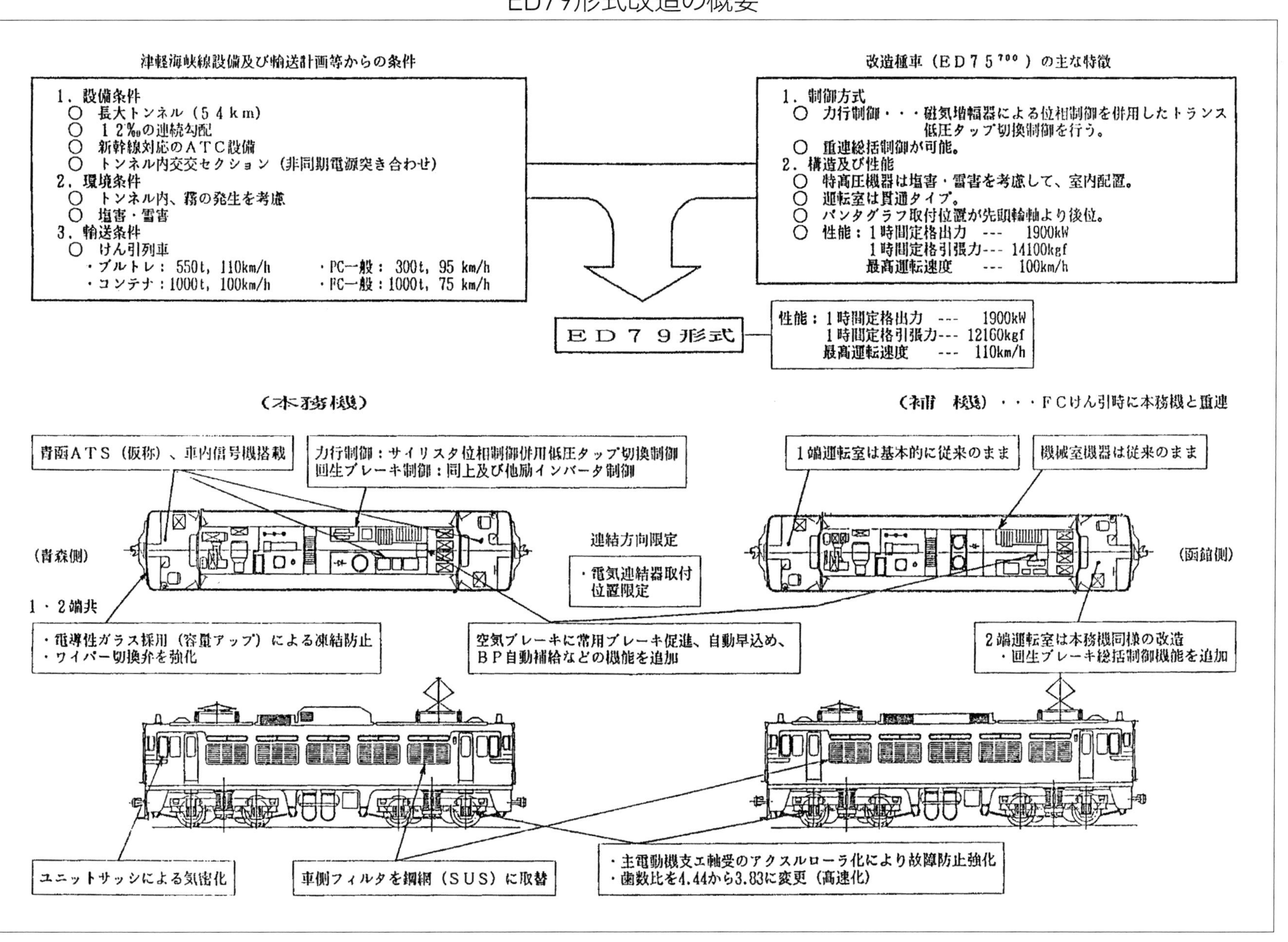

津軽海峡線設備及び輸送計画等からの条件
1．設備条件
○ 長大トンネル（54km）
○ 12‰の連続勾配
○ 新幹線対応のATC設備
○ トンネル内交交セクション（非同期電源突き合わせ）
2．環境条件
○ トンネル内、霧の発生を考慮
○ 塩害・雪害
3．輸送条件
○ けん引列車
・ブルトレ：550t，110km/h　・PC一般：300t，95 km/h
・コンテナ：1000t，100km/h　・FC一般：1000t，75 km/h
改造種車（ED75⁷⁰⁰）の主な特徴
1．制御方式
○ 力行制御・・・磁気増幅器による位相制御を併用したトランス低圧タップ切換制御を行う。
○ 重連総括制御が可能。
2．構造及び性能
○ 特高圧機器は塩害・雪害を考慮して、室内配置。
○ 運転室は貫通タイプ。
○ パンタグラフ取付位置が先頭輪軸より後位。
○ 性能：1時間定格出力 --- 1900kW
1時間定格引張力--- 14100kgf
最高運転速度 --- 100km/h
ED79形式
性能：1時間定格出力 --- 1900kW
1時間定格引張力--- 12160kgf
最高運転速度 --- 110km/h
（本務機）
（補 機）・・・FCけん引時に本務機と重連
青函ATS（仮称）、車内信号機搭載
力行制御：サイリスタ位相制御併用低圧タップ切換制御
回生ブレーキ制御：同上及び他励インバータ制御
1端運転室は基本的に従来のまま
機械室機器は従来のまま
（青森側）
連結方向限定
・電気連結器取付位置限定
（函館側）
1・2端共
・電導性ガラス採用（容量アップ）による凍結防止
・ワイパー切換弁を強化
空気ブレーキに常用ブレーキ促進、自動早込め、BP自動補給などの機能を追加
2端運転室は本務機同様の改造
・回生ブレーキ総括制御機能を追加
ユニットサッシによる気密化
車側フィルタを鋼網（SUS）に取替
・主電動機支エ軸受のアクスルローラ化により故障防止強化
・歯数比を4.44から3.83に変更（高速化）

アクスルローラは1973(昭和48)年度の技術課題でEF65形に試用され、1979(昭和54)年度の技術課題では試作改良が行われ、ED75形で長期試験が行われた結果、ED79形で採用されたものだ。車軸支え軸受部の両側には水や塵埃の侵入を防ぐラビリンスが設けてあり、内部からグリスの流失なども防いでいる。これにより駆動系の信頼性向上と、メタルの保守、給油フェルトの油量管理が不要となり、保守の大幅な省力化を実現した。

ED75形700番代からED79形0・100番代への改造一覧

ED79形	ED75形(種車)	落成日	施工
ED79-1	ED75-765	1986.08.30	土崎
ED79-2	ED75-772	1987.01.19	土崎
ED79-3	ED75-773	1987.02.16	土崎
ED79-4	ED75-774	1987.03.02	土崎
ED79-5	ED75-776	1986.12.12	土崎
ED79-6	ED75-782	1987.03.09	土崎
ED79-7	ED75-763	1987.03.06	大宮
ED79-8	ED75-778	1987.02.05	苗穂
ED79-9	ED75-779	1987.07.01	苗穂
ED79-10	ED75-780	1987.07.22	苗穂
ED79-11	ED75-781	1987.11.20	苗穂
ED79-12	ED75-784	1987.03.06	日立
ED79-13	ED75-785	1987.03.12	日立
ED79-14	ED75-786	1987.12.20	苗穂
ED79-15	ED75-787	1987.09.14	苗穂
ED79-16	ED75-788	1987.10.02	苗穂
ED79-17	ED75-789	1987.03.05	東芝
ED79-18	ED75-790	1987.03.13	東芝
ED79-19	ED75-791	1987.03.18	東芝
ED79-20	ED75-760	1987.03.20	日立
ED79-21	ED75-783	1987.03.19	日立
ED79-101	ED75-769	1987.08.30	土崎
ED79-102	ED75-718	1986.11.11	土崎
ED79-103	ED75-717	1986.11.17	土崎
ED79-104	ED75-720	1987.02.12	苗穂
ED79-105	ED75-761	1987.12.28	苗穂
ED79-106	ED75-728	1987.02.05	苗穂
ED79-107	ED75-719	1986.12.09	土崎
ED79-108	ED75-724	1987.02.05	苗穂
ED79-109	ED75-709	1987.03.20	苗穂
ED79-110	ED75-732	1988.01.15	苗穂
ED79-111	ED75-731	1987.03.05	大宮
ED79-112	ED75-738	1987.12.10	苗穂
ED79-113	ED75-737	1988.01.11	苗穂

車体

車体自体に大きな変化はないが、本務機では磁気増幅器など内部機器が変更されたために取付台の撤去と新設が行われている。また安定抵抗器が屋上に設けられたため、この部分の取り外し屋根は新設計となり外観が変化した。これがED79形0番代の大きな外観的特徴となった。

主抵抗器の冷却風は主整流制御器の排気を利用しており、1エンド寄り下部から入って、2エンド寄りの両側面から排気されるようになっている。主抵抗器箱は銀色塗装で、これは耐熱塗料を使用しているためである。

0番代は安定抵抗器などの搭載などで、重量がED75形700番代の67.2 tから68 tへ増加し、軸重は17 tとなる。100番代はほぼ無改造であるため、重量を合わせるために死重を搭載している。

細かい点では機関車番号板(ナンバープレート)がステンレスをエッチング処理したものとされた。また、青函トンネル用の平板状無線アンテナが、0番代では1位と4位助士席側側面に設置された。100番代では2エンド寄りの4位にのみ設置されている。

運転席側面窓は防音と気密性向上のためユニットサッシ化したが、100番代の1エンド側は青函トンネルで運転しないことから、ED75形700番代時代に改造済みだった107・109・110号機以外は未改造であり、1エンドと2エンドで側窓が異なるものが多数派だった。

電気機器

パンタグラフ、真空遮断器、主変圧器、タップ切換器などの機器はED75形700番代時代と変わりはない。特に100番代の主回路はED75形700番代時代とほとんど変わらない。

主整流制御器　RS50

本務機であるED79形0番代は、低圧タップ制御はそのままだが、磁気増幅器による制御をやめ、「サイリスタ位相制御併用低圧タップ切換制御回生ブレーキ制御付き」とした。詳しくは第1章25ページの「国鉄最後の電気機関車」の項を参照いただきたい。

主制御整流器はRS50となる。冷却用の電動送風機はRS50用に新設計されたMH3091-FK163となった。

本務機の0番代はサイリスタ位相制御だが、補機の100番代は磁気増幅器制御のままであるため、電圧降下率に差が生じ、この電圧差はほぼ1ノッチ分に相当する。重連運転時には電流のアンバランスを生じることになるので、0番代では力行時に安定抵抗器（0.06Ω）を常に挿入して0番代と100番代の主電動機電流のバランスを取っている。主電動機電流は700Aの時にバランスを取るように設計されている。

制動転換器　CS34B-G2

制動転換器のCS34B-G2は、力行・回生ブレーキの切り換えを行うカム接触器である。ED78形で使用されたCS34B-G1と同じだが、艤装の関係上、力行部と制動部を勝手違いにしているため、形式はCS34B-G2となった。主カム、補助カム、空気シリンダ、主接触子、補助接触子などはED75形700番代の逆転機RV106Aと同じ物を使用しており、保守や取り扱いもRV106Aと同じである。

高速度遮断器　CB16D

回生ブレーキが付加されたことで、直流回路に過電流が流れた際に、機器を保護するために高速度遮断器のCB16Dが設けられている。直流は連続して電流が流れているので、車両用の真空遮断器（VCB）や空気遮断器（ABB）は使えないため、ED78形・EF71形、直流電気機関車などでも使用される高速度遮断器が使用されている。

直流は交流のように電流が0になる瞬間がないので、遮断器の接点が開放した際に発生するアークを、吹消コイルの磁力によって吹き飛ばして遮断する。接触部、保持部、吹消部、引外し部、又入れ動作部、連動部で構成されている。

通電時は主接触子がある可動腕を保ちコイルの磁力によって保持しているが、保ちコイルが消磁、または保ちコイルにあるバッキングバーに過電流が流れると保ちコイルの磁力が打ち消され、可動腕にあるバネの力で主接触子が開放する。この時、主

RS50主制御整流装置外形

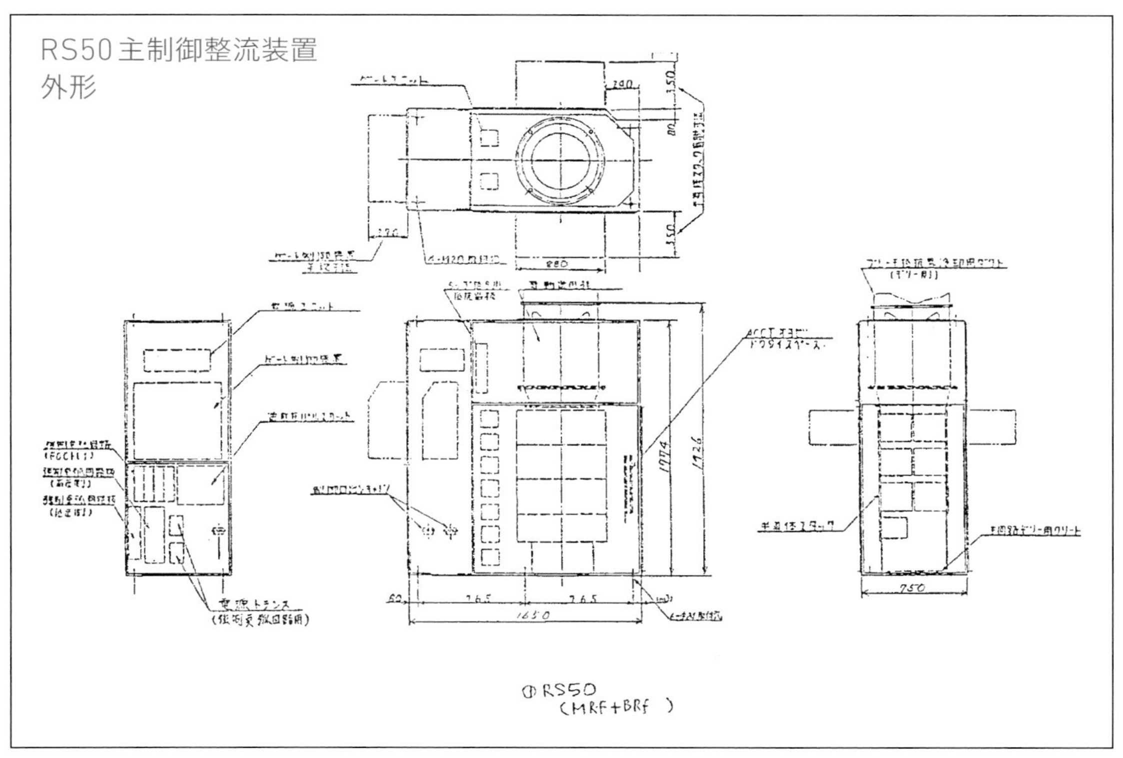

接触子の間にアークが発生するが、回路に直列接続されている吹消コイルから発生した磁力が主接触子の両側から加わることで、フレミング左手の法則でアークが主接触子から遠ざけられ、やがて伸びきって冷却消弧される仕組みになっている。又入れ(リセット)はエアシリンダにエアを送り込み、可動腕を押して主接触子を接触させ、保ちコイルによって再び可動腕を保持する。

もともと電気機関車に使用される高速度遮断器は日立型と東芝型があったが、国鉄では東芝型の方が多かったようで、ED79形のCB16Dも東芝型を使用している。

主抵抗器　MR165

MR165主抵抗器は、0番代に搭載されている安定抵抗器である。回生ブレーキ時に主電動機電機子電流のアンバランスを抑制し、安定させるために使用している。連続通電が可能な山形抵抗体を使用しており、ブレーキ用として0.2Ω、主制御整流器の項でも述べたように、力行用として0.06Ωを1ブロックとし、それを主電動機4基分、4ブロックを主抵抗器箱内に収めている。冷却は強制通風式で、RS50主整流制御装置の排気によって冷却している。

主電動機　MT52C

駆動装置の項で述べたように、吊掛式駆動装置の車軸支え軸受部分が平軸受けからアクスルローラに変更されたことで、主電動機もMT52Cに改造されている。改造にあたっては可能な限り元のMT52Aの部品を流用することとしたが、改造に適さないものは新製している。

もっとも、完全に流用したのは電機子と、主電動機軸方向の鏡蓋などで、アクスルローラ化によって一体となる磁気枠(主電動機外枠)と界磁コイルは新製されており、外観からは新製されたに近い状態となっている。後に、アクスルローラはJR貨物が電気機関車の延命工事施工に伴って更新車に導入された。

CB16D高速度遮断器外形

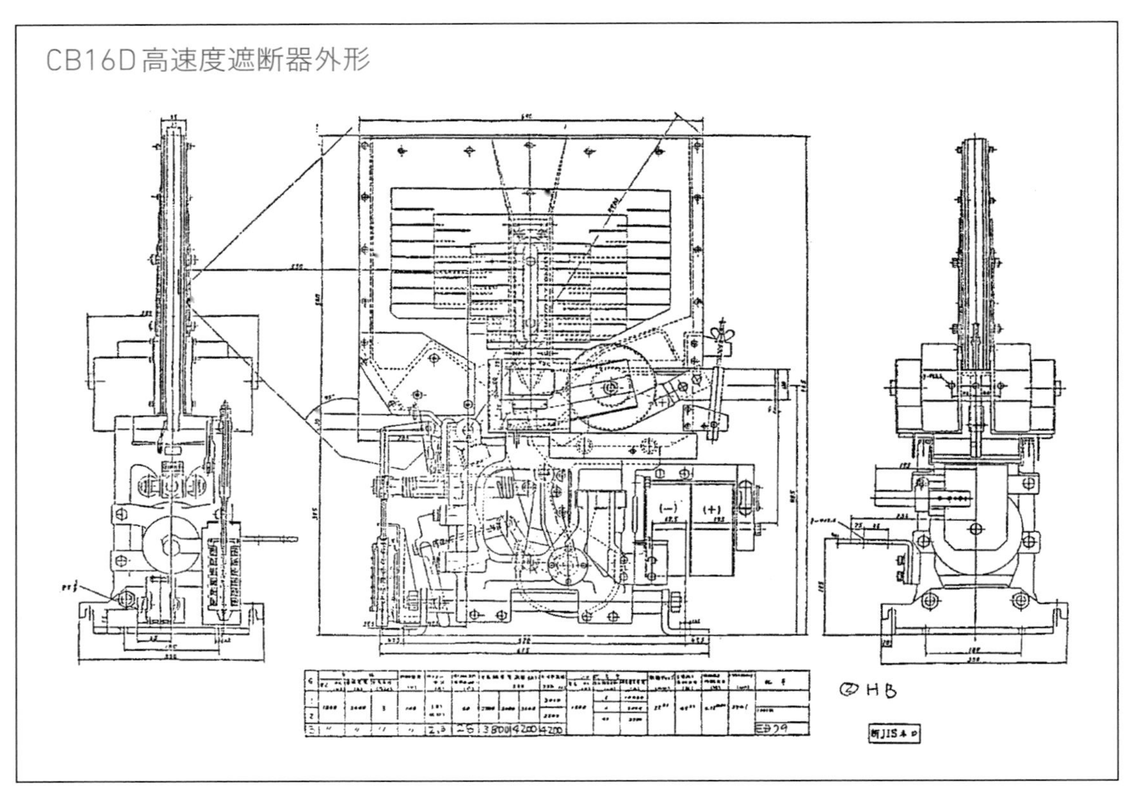

主幹制御器　MC113C（0番代・100番代2エンド）

勾配抑速ブレーキとして回生ブレーキが付加されたことで、主幹制御器はED78形・EF71形に使用されるMC113A・B型と同じく、ED75形700番代に使用されていたMC109Gに対し、必要な改造を施したMC113Cとなった。

主ハンドルは力行と抑速ブレーキ制御用で、34ノッチはMC109と同じでバーニア操作時のノッチ板用爪を外す操作方法なども同じである。

補助ハンドルは4位置であるのは変わりないが、MC109の奥から「切」「パン下げ」「パン上げ・VCB切」「補起・VCB入」から、ATC-L用に運転位置条件を変更したため「切」「パン上げ」「HB入・VCB切」「補起・VCB入」と変更された。

逆転ハンドル抑速ブレーキ操作のために、逆転ハンドルをさらに前方へ押し込んだ位置に、新たに「制」位置を追加した。従来の奥から「前・切・後」の3位置に対して、「前」の奥に「制」位置が設けられたため、奥から「制・前・切・後」の4位置となった。ハンドル角度は「前」と「制」位置が20度のほかは25度となっている。

また、ED75形・ED76形で改造工事が進められている、TC（Tap Changer＝タップ切換器）、MA（Magnetic Amplifier＝磁気増幅器）パターン発生器の無接点化も同時に改造されている。

主幹制御器改造概要

1. 配置

本ム機　補機

MC113C　MC113C

MC109H　MC113C

2. 変更内容

新形式	旧形式	改造内容
MC113C	MC109G	① 逆転ハンドル部に「制動」位置を追加した。 ②. 補助ハンドル機能を変更した。これはATS-L用に運転位置条件として、カムを1枚使用したためである。
MC109H	MC109G	① 補助ハンドル機能を変更した。これは、扱いをMC113Cに合わせるためである。

	ED75	ED79
逆転ハンドルのポジション	後 切 前	後 切 前 制
補助ハンドルのポジション	切 パン下げ パン上げVCB切 補起VCB入	切 パン上げ HB入VCB切 補起VCB入

※HBは高速度遮断器。High-speed circuit Breaker

主幹制御器 MC109H（100番代1エンド）

100番代1エンド運転台は、保安装置の制限で青函トンネル区間で先頭に立って運転をすることはないので、種車のMC109Gの補助ハンドル位置をMC113Cと操作方法を合わせるため、小改造したMC109Hとなった。同時にTC、MAの無接点化改造も施工されている。

ED76形500番代ではパターン発生器のローラセグメントを接点保護の観点から油侵式に変更した。MC109Aなどの乾式と比べ、接触不良などが大幅に減少し好評のうちに使用されてきた。しかし、経年と共に摩耗に伴って同じように接触不良などが起き、かえって油侵式であるために交換に手間がかかるようになってきた。

そこでまったく新しい無接点式のパターン発生器を開発することになり、1981（昭和56）年度技術課題にて設計製作した。従来のものと取付方法や制御方式が変わると問題があるので、従来のMC109C～MC109Gにおいて交換が可能なものとしている。

新しいパターン発生器には光透過式が採用された。これは主幹制御器ハンドル軸に継手を介して接続された軸に回転する円板が取り付けられており、この円板部分にスリットがあり、スリットのない部分は光を通さず、スリット部分は光を通すことを利用して、円板の片側に発光素子となるLED、もう一方に受光素子のフォトトランジスタを設置してある。ここで得られたフォトトランジスタ出力をIC（集積回路）を利用した論理回路で純2進コードに処理し、D/A（デジタル/アナログ）変換回路でアナログ変換し、出力増幅部を経てTCおよびMAを制御する。

TC用パターン発生器は信号を制御回路に直接入力するため水銀リレーを使用している。TCは13ステップあるためLED＋フォトトランジスタは4組となる。

MA用パターン発生器は位相制御するため、ノコギリ波電流を作り出すノコギリ波発生回路から出力部を経て出力される。MAパターン電圧は20ステップとなるのでLED＋フォトトランジスタは5組となる。この出力信号は0番代ではRS50主整流制御器、100番代では磁気増幅器制御回路の前置磁気増幅器に入力される。

電気連結器

ED79形では電気暖房用のKE3HB、高速貨車の電磁ブレーキ制御用のKE72Hのほかに、重連総括制御用のKE96H、ATC-L用のKE151Hを使用している。

KE3HB

1芯で補助回路を内蔵している電気暖房用のジャンパ連結器である。栓納めのみが車体に設けられ、KE3ジャンパ連結器栓は高圧であるため、スカート部分から直接ケーブルが出されている。50系5000番代を牽引する際に冷暖房用の交流1,500V電源を供給している。Hは凍結防止用のヒータを内蔵していることを示す。

KE72H

10000系高速貨車や、JR化後に登場したコキ100系の電磁ブレーキ制御用の9芯ジャンパ連結器。Hは凍結防止用ヒータ付きである。ED75形700番代時代には装備されていなかったが、ED79形に改造する際に新設された。

KE96H

重連総括制御用の74芯ジャンパ連結器。ED75形700番代時代の27芯のKE77Aでは不足するため

MC113C、MC109H　主幹制御器構造図

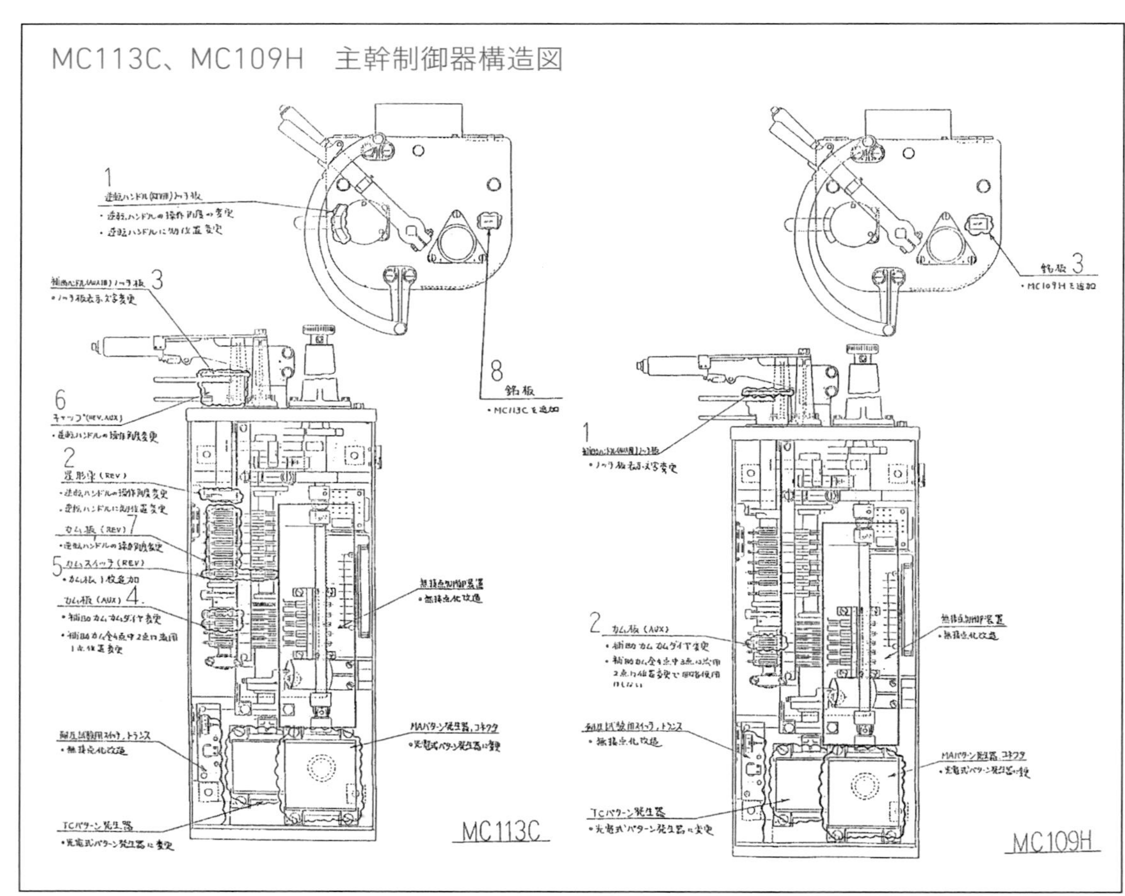

に芯数を増やしたもので、185系電車などに使用されているものと同じだ。しかし、凍結防止用ヒータを下部に内蔵したため、内部の接触子の配列が90度回転した形となっており、ジャンパ連結器栓（コネクタ側）も専用のKE96Aを使用する。

KE151H

ATC-Lを採用したED79形では、改造のコストダウンのため、ATC-L制御装置は本務機の0番代にしか搭載してなく、補機の100番代には信号受電器と車内信号装置、操作機器しか搭載していない。

そこで重連運転の際は本務機とATC信号のやりとりを行う必要があり、このための電気連結器がKE151Hである。外形はKE72Hと同じであるが、列車の運転に関わる信号通信を行う重要な電気連結器であるため、ジャンパ連結器栓の接点ピンには特殊なものを使用し、導通性能の向上を図っている。右図のように0番代2エンドと、100番代1エンドにしか設置されていない。

青函用保安装置　ATC-L

「改造の基本方針」でも述べたように、青函トンネル区間ではATCが採用されている。これは将来的に新幹線の走行を考慮していたことと、トンネル内は湿度が高く霧が発生しやすいために車上信号が採用された。このほかに在来線区間を走行するためにATS-Sも装備しているが、これはED75形700番代時代と変わらない。

ATC-Lは電車列車に対しては通常のATCのように、制限速度に達すると自動的に常用ブレーキが作動して減速、制限速度まで減速すると自動的にブレーキを緩解する制御が行われている。しかし、機関車は自動空気ブレーキであるため、ATCの作用によって自動空気ブレーキで減速したあと、自動でブレーキの緩解が行われると、ブレーキ管へのエアの込めが適切に行われず、込め不足となって次のブレーキが正しく作用しない恐れがある。

そこで機関車牽引の列車に対しては、速度照査型ATSのように機能するようにされた。車上信号によって次の閉塞区間の予告信号機を現示、これによって運転士が手動で減速する方法となった。信号現示に対する速度超過は即座に非常ブレーキが

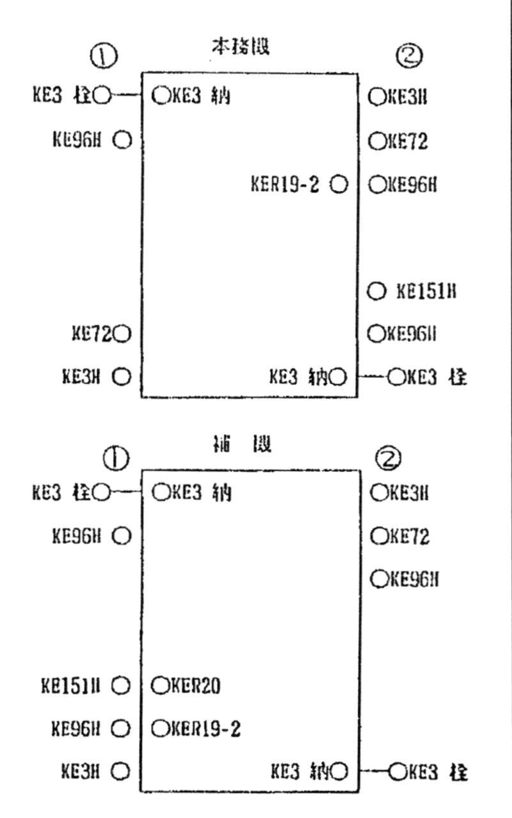

作用する。また、次の閉塞区間に制限速度を超過したまま進入すると、常用ブレーキのまま停止する。

ATC車内信号機の現示は0・R45・45・Y110・110で、Y110信号は45信号、R45信号は0信号への予告となっている。また、速度照査点に接近すると警報を出す。110信号・Y110信号・45信号の場合は制限速度に5km/h、R45信号・0信号では10km/hまで接近すると断続音で警報を発し、接近するほどに断続音が短くなり、制限速度では連続音になる。連続勾配区間であるため後退検知もあり、5km/h以上25km/h以内で検知する。

ED79形ではATC区間を走行する際の列車選択スイッチが運転台にあり、最高速度は寝台特急の110km/h、最低は車扱貨物列車の75km/hとなることから、110・100・90・80・75km/hの5つの位

置がある。

このほかに制御装置、ATC-Lブレーキ指令を開放する「開放スイッチ」、ATC地上設備の故障時などに走行する際の「非常運転スイッチ」があり、非常運転スイッチを扱った際の速度制限は25km/hとなる。ATC-LとATS-Sを切り換える「切換スイッチ」、後退検知を無効とする「後退開放スイッチ」、トンネル内や夜間に車内信号機を減光する「減光スイッチ」などが運転台の操作盤に設置されている。

ATC-Lは東北・上越新幹線で採用されているATC-2と互換性のあるシステムとなっている。ATC-Lは当初「青函ATS」などと呼ばれ、機関車列車に対しては速度照査型ATSと同等であることから「ATS-L」と呼ばれていたが、車内信号機を使用することからATC-Lとなった。

空気ブレーキ装置

ED79形はED75形700番代の改造であるため、基本的にはEL14A自動空気ブレーキ装置である。しかし、ED79形に改造するにあたって、高速貨車牽引用に電磁自動空気ブレーキの制御回路が追加されている。また、0番代の種車は735号機以降で応速度単機増圧ブレーキが装備されているが、100番代は701～734号機を種車としているので、ED79形に改造する際に応速度単機増圧ブレーキを増設しているほか、電動空気圧縮機と連動する除湿装置も新たに設置された。

このほか、ブレーキ性能の向上を図るため一部改造が行われており、BP圧制御装置が新たに機器室に設置された。BP圧制御装置は「早込メ制御」「常用ブレーキ促進制御」「自動補給制御」「電磁自動ブレーキ制御」を司っている。また異常が発生した場合の故障検知や、運転台への表示も行われる。

これらの圧力検知には従来の機械式の圧力スイッチではなく、半導体圧力センサが使用されており、保守が省力化されている。

早込メ制御

ブレーキを緩解する場合に緩解速度を速めるための制御である。ブレーキ弁が運転・保チ位置の場合で運転台の早込メスイッチを押すと、機関車のブレーキ管(BP)圧力が490kPa未満、緩衝空気ダメ

COLUMN

ジャンパ連結器の名称

列車の運転に必要な電気信号を車両間に渡すために設けられるのが「電気連結器」だ。隣の車両にジャンプしているので「ジャンパ連結器」とも呼ばれる。

各部の名称が少々面倒なので改めて説明する。車両側に設けられているコネクタ部分を車両の説明書などでは単に「栓受け」とされており、これが正式名称だ。「栓」という言葉が使われるのは水が浸入しないように水密構造になっているためだ。「栓受け」に差し込まれる先端にコネクタがあるケーブル部分は、説明書などではそのものズバリ「栓」と表記されている。

ケーブル(ジャンパ栓)の両側に「栓」があることからこれを「両栓」と呼ぶ場合もある。KE3ではケーブルの一方が車体に直付けなので「片栓」となる。この「両栓」を使用しないときは片方をブラブラさせておくわけにはいかないので、「栓納め」または「開放栓受け」に固定させる必要がある。「栓納め」は単純に「栓」を保持し、接点を保護する役目しかないので内部には電気接点は基本的にはない。

本書では電気連結器の部位を分かりやすくするため、文字数は多くなるものの、「栓受け」は「ジャンパ連結器栓受け」、「栓」は「ジャンパ連結器栓」とし、「栓納め」は「開放栓受け」とも呼ばれるが、「ジャンパ連結器栓納め」と表記している。

余談になるがジャンパ連結器は必ずしもケーブルがぶら下がるものではなく、変わったものでは違うジャンパ連結器を連結するアダプタもある。国鉄型気動車では15芯のKE53が2個使用されていたが、キハ40系登場時には将来の制御回路増加を見込んで、61芯のKE93が採用された。しかし、従来型も多かったため、KE53と連結可能なKE94というKE93～KE53×2一体型アダプタ連結器も同時に開発され、KE93に常時取り付けられている。

のBP圧力が480kPa未満の場合、早込メ電磁弁を励磁(ON)、BP締切電磁弁は0.5秒間の励磁、2秒間の消磁を繰り返し、圧力の高い元空気ダメ(MR)のエアをBPに送り込んで緩解を促進させる。BPが所定圧力に達すると早込メ制御は自動停止する。

機関車の自動ブレーキ弁でもユルメ位置に置くことで同じ操作(キックオフ)を自動で行えるが、これを自動化したもののようだ。

常用ブレーキ促進制御

ブレーキの空走時間を短くするための制御。0番代の前後と、100番代の2エンド運転台にC13-1電磁給排弁と膨張空気溜(ExPV)を取り付け、同時にツリ合イ空気ダメ(EQ)を二室空気ダメに変更し、間に締切コックを設けて容量を変更し、EQの減圧が速やかに行えるようにした。

ブレーキ弁を常用、または非常位置に置くと、運転台に設置されたC13-1電磁給排弁が励磁し、EQのエアをExPVに急膨張させEQ圧力を小減圧させる。同時にBP締切電磁弁も励磁してBP圧の減圧速度を早くして空走時間を短くしている。EQとBPの圧力差が30kPa以下になるとBP締切電磁弁を消磁(OFF)する。ブレーキ弁を緩メ・保チ・運転位置に置くとC13-1電磁給排弁を消磁する。

自動補給制御

運転台の自動補給NFBがONで、ブレーキ弁が重ナリ位置で、BP圧力が470kPa以下の時、EQ締切電磁弁とBP締切電磁弁が励磁し、BP圧力がEQ圧力より低下した場合、中継弁よりBPへ不足するエアを供給しブレーキ力を一定に保っている。BP漏気試験や自動補給を行いたくないときは自動補給NFBをOFFにする。

除湿装置

青函トンネル内は湿度がほぼ100%であり、自動空気ブレーキ用に湿潤した空気を圧縮すると、エアに多くの水分を含むことになり故障の原因となる。このため電動空気圧縮機から冷却管を、ドレンダメを経た箇所に除湿装置が設けられた。

除湿エレメントの吸着材は吸着と再生を繰り返し使用できるもので、大容量の機関車用として除湿エレメントを2組使用し、一方が除湿している時、もう一方は吸着した水分を排出する再生作用を行っている。これは電動空気圧縮機が動作するごとに除湿・再生が切り換わるようになっている。

ED79形50番代

増加する貨物需要に応え 9年ぶりに機関車を新造

青函トンネル開業後、本州〜北海道の物流は大きく変化し、折からの好景気もあって貨物需要が大幅に伸びた。1989(平成元)年3月の津軽海峡線貨物列車増発のため、JR貨物がED79形を投入することになったが、改造ではなく新製によってまかなわれた。

新製にあたっては工期短縮のため設計変更を最小限として、基本構造には0番代を踏襲している。このため0・100番代との重連運転は可能で、実際の運転実績もある。また、旅客列車の牽引も考慮されていることから、JR貨物所有の電気機関車でありながら列車暖房用の電源も備えている。

しかし、1980(昭和55)年のED78形増備車以来、約9年ぶりの電気機関車新製となったので、従来部品の製造中止や普通鉄道構造規則(省令)の改正などにより0・100番代とは異なる部分がある。1989(平成元)年3月ダイヤ改正前後に51〜56号機が新製され、続いて1990(平成2)年3月改正までに55〜60号機が新製された。

車体

形状的には前面窓部分をED76形0番代と同じく5度傾斜させている。これはトンネル内や夜間走行の際、ガラスへの写り込みを減らす目的があったと思われる。また前面窓上部にはツララ切りが設けら

重連で東北本線を行くED79形59号機。後期型は当初、車体裾にディーププルーの帯を入れていた。東北本線では通常、進行方向後ろ側のパンタグラフを使用するが、ED79形の列車に限っては津軽海峡線内と同じ2エンド寄りのパンタグラフのみを使用した。御堂～奥中山間　写真／植村直人

れた。貫通扉は平板であるのでEF62形や、ED77形901号機のようなスタイルとなった。

塗色は大胆に変更され、腰板付近が白に近いライトパープル、側面明かり取り窓より上をスカイブルー、その間をディーププルーとし、前面窓間は黒色としている。乗務員室扉は交流電気機関車である赤2号としている。また、車両の向きが反転する可能性もあるので、乗務員室扉脇にエンド標記が入れられた。なお、55～60号機は当初、車体裾の台枠部分をディーププルーとしていた。

台車

0・100番代と同じく第1台車がDT129T、第2台車がDT129Uとなるが、タイヤ弛緩防止のため一体圧延車輪を採用している。砂撒き管はヒータの絶縁を強化すると共に、ノズル先端にゴム板の蓋を設けた。

4年間ほどだが、ED79形50番代は五稜郭～長町間のロングラン運用を行った。ED75形が全列車を牽引していた区間では、文字通り異色の存在だった。石越～油島間　1996年6月　写真／高橋政士

電気機器

基本構成は変わらないが、若干の変更が行われている。省令改正により、第1、第2パンタグラフとも2位寄りに保護接地スイッチが設けられた。これは事故電流を機関車側で遮断できない時に、架線電源を強制的にレールに落として短絡させ、変電所の高速度遮断器を作動させるものだ。

■避雷器をLA105からギャップレスのLR106に変更。

■スペーサやパッキンなどの脱アスベスト化を図ると共に、青函トンネル特有の高湿度に対応するため、補機類電動機などの絶縁強化を行う。

■主幹制御器逆転ハンドルの「前」位置での掛かりを明確にして操作性を向上。

■ATC-L信号を自動選別としたため、逆向きとなっても青函トンネル区間を走行可能とした。ただし電気連結器は片渡り構造であるため、同エンド同士の連結では重連総括制御はできない。

自動空気ブレーキ

ブレーキ応答性をより向上するためツリ合イ空気ダメ（EQ）からBP制御装置への圧力指令は、従来ツリ合イ空気ダメ切換管で行っていたが、これをEPL電空変換弁による電気指令とした。これによりツリ合イ空気ダメ切換弁、同締切弁、緩衝空気ダメを廃止した。

電磁ブレーキ制御をBP制御装置から独立させ、

ブレーキ弁に電気接点を設け、ブレーキ指令器から指令を直接貨車に送る方法とした。

省令改正により取付義務が生じたため、元空気ダメ(MR)圧力検知スイッチを設け、MR圧が不足しているときには力行回路が構成できないようにした。圧力スイッチはS39乙Aで、それまでの車両にも設けられたため、電車などでは「S39乙」などと書かれた床下機器が追加されている。

ED79形の改造と運用

国鉄の3工場を中心に計34両を改造

ED75形700番代からED79形への改造は、国鉄時代の1986(昭和61)年から1988(昭和63)年にかけて行われた。これは経営基盤の厳しいJR北海道への負担を避けるためでもあった。改造は苗穂、土崎、大宮の国鉄工場と、日立、東芝のメーカーによって行われている。本務機の0番代が21両、補機の100番代が13両改造された。

全車が当時の青函運転所に配置されている。旅客列車は新設された寝台特急「北斗星」をはじめ、青森〜函館間を延長運転した寝台特急「日本海」などを牽引。普通列車は一般型客車の50系を改造した青函トンネル専用の50系5000番代による快速「海峡」の牽引にあたった。さらに在来線の臨時列車ながら走行区間が国内最長の大阪〜札幌間となる、寝台特急「トワイライトエクスプレス」の牽引も担当した。旅客列車は基本的に青森〜函館間の運転であったが、「トワイライトエクスプレス」は函館ではなく五稜郭までの運転となった。

貨物列車は重連で青森信号場〜五稜郭間の牽引を担当。青森駅付近はデルタ線を構成しているため、走行方向に制限のあったED79形0・100番代は転向しないように運用が組まれており、50番代も同様の運用が組まれていた。また本来は海峡線用の機関車ではあったが、1991(平成3)年3月改正から青森信号場での機関車交換を省略するため、ED79形50番代の重連が盛岡貨物ターミナルまで、1997(平成9)年3月ダイヤ改正では宮城県の長町駅まで運用を拡大したが、歯数比が小さいため冬期に勾配区間で空転が頻繁に発生したことから、2001(平成13)年3月ダイヤ改正から新鋭のEH500形に変更され、青森以南の運用は消滅した。

過酷な環境を走り続け15年で廃車が始まる

2002(平成14)年12月に東北新幹線が八戸まで開業。この時に列車体系の見直しから快速「海峡」が廃止された。2003(平成15)年には廃車が始まり、2008(平成20)年までに11両が廃車。その間の2006(平成18)年には貨物列車にEH500形が進出し、貨物列車の受託業務が終了した。2006(平成18)年3月ダイヤ改正で定期運用から離脱。保留車として残留していた100番代も2009(平成21)年に廃車され区分消滅した。

0番代は2001(平成13)年度末から延命工事を施工、2006(平成18)年以降も寝台特急牽引用に活躍していたが、2016年(平成28)年3月26日の北海道新幹線開業により定期寝台特急が廃止されたため、31日付けで全車廃車となった。

ED79形にとって一番の花形運用は、開業当初から運転された「北斗星」の牽引だろう。最盛期には1日3往復の定期列車が運転された。写真は0番代の2エンドなので、KE151ジャンパ連結器栓受けがあるなど、111ページの1エンド側写真とは異なる点にも注目。木古内　1996年6月
写真／高橋政士

50番代は2000（平成12）年に発生した五稜郭駅での衝突事故で56号機が廃車になっており、その後は9両体勢となっていたが、北海道新幹線の開業を待たずEH500形に置き換えられ、同時期に新製されたEF66形100番代、EF81形450・500番代が活躍を続ける中、2015年4月に全車運用を離脱し廃車された。

北海道新幹線開業まで 旅客用6両を延命工事

1986（昭和61）年から改造が開始されたED79形は、過酷な環境である青函トンネル区間で、高湿度環境と塩害によって電気機器の腐食や絶縁不良などが発生し、特別修繕工事などを施工してきたが、場合によっては5年程度で再度交換を必要とする事態も発生した。

そのような状況下、ED75形700番代時代を含めて経年20年を越える1996（平成8）年頃になると、製造終了による部品入手が困難になる事態が発生した。これに対応するために、1998（平成10）年と2000（平成12）年にJR東日本で廃車になったED75形700番代を部品取り用として購入。2003（平成15）年から廃車が発生したED79形0番代の発生品なども活用して整備を続けてきた。

2006（平成18）年の東北新幹線八戸開業時には快速「海峡」を廃止したものの、寝台特急列車については当面運転が継続されることから、2001（平成13）年度末から2003（平成15）年度の3年間をかけて6両に10年程度の延命工事を施工することとした。

主な改造・部品交換は下記の通り。

■主電動機固定子巻線の巻き替え
■各種電動送風機交換
■RS50用サイリスタスタック交換
■サイリスタゲート制御用のゲートパルストランス交換
■主制御器部品更新
■比較増幅器交換
■各接触器交換
■電気（ジャンパ）連結器交換

以上のほか、運転士の操作性を考慮して運転室設備の交換なども行われ、2002（平成14）年7月に1両目が苗穂工場を出場。延命工事は4・7・12・13・14・20号機に施工された。このほか2010（平成22）年に、延命工事未施工のものに対しても、常用する2エンドパンタグラフをシングルアームのPS79に換装している。

北海道新幹線開業直前まで、4・7・13・14・20号機の5両が活躍を続けた。

雪害のため大幅に遅れ、日中に津軽海峡線を走行するED79形7号機牽引の「トワイライトエクスプレス」。通常はほぼ夜間の運転だったため、ヘッドマークは用意されなかった。牽引機は更新工事後の姿で、2エンドのパンタグラフのみシングルアーム式に換装されている。津軽今別　2012年2月27日　写真／高橋政士

第6章

SG搭載仕様、ED76形

東北地方を中心に、全国の交流電化路線向けに開発されたED75形だが、旅客列車に蒸気暖房を使用する九州向けには、ED75形に蒸気発生装置(SG)を搭載したED76形が開発された。さらに北海道向けにはED75形500番代の技術的課題を克服したED76形500番代が投入された。

ED76形0・1000番代

ED75形をベースに、九州向けに客車列車暖房用の蒸気発生装置(SG)を搭載した交流電気機関車がED76形である。貨物列車から寝台特急まで幅広く活躍をしてきたが、客車列車の廃車によりJR九州からはすべて引退。JR貨物に承継された車両も、EF510形300番代への置き換えがいよいよ始まる。

日豊本線電化用の2次車の24号機。前面は同時期に製造されたEF65形3次車と同じ形状。スカートはED75形101号機以降と同じく、端部を折り曲げないシンプルな形状となり、ステップの切り欠きが設けられた。八幡　1986年3月24日　写真／新井 泰

製作までの経緯

九州島内の電化は交流電化が採用され、鹿児島本線門司港〜久留米電化用として1961(昭和36)年に旅客列車用にED72形の試作車、翌62年にはED72形の量産車と、貨物列車用にED73形が登場した。

1965(昭和40)年の熊本電化延伸に備え、これらの増備用として交流電気機関車が増備されることになり、安定した性能を発揮しているED75形を基本に、将来の九州島内交流電化を見越して、同じ磁気増幅器方式を採用した貨物・旅客列車両用のED76形が新製されることになった。なお、貨物列車用としてはED75形300番代が製造された。

ED76形は、客車列車暖房用の蒸気発生装置(SG)を搭載しているのがED75形との相違点だ。九州島内は東海道・山陽本線、山陰本線などから直通する客車列車が多く、北陸や東北のように客車を電気暖房にするには大変多くの客車を改造する必要がある。対して九州内の交流電化も将来的に鹿児島本線、日豊本線、長崎本線程度となることから、客車の改造はせずに、電気機関車にSGを搭載することとなった。

ED76形の概要

ED76形の制御方式、走り装置などはED75形と同様だ。主電動機はED72形量産車と同じMT52を採用しているので、出力的にもED72形と同様となっている。ED72・73形は水銀整流器式で格子位相制御を行っており、主電動機は全速度域に渡って全界磁(98%)で運転されている。ED76形は33・34ノッチが弱め界磁運転となっている点が異なる。しかし、それらの特性上の違いで若干の性能差はあるものの、実質的にはほぼ同一性能といえる。

元来50Hz用として設計されたED75形は、使用される機器は若干の手直しで60Hz用でも使用できるように設計されており、機器的に見ても50Hz用のED75形と同じだ。

ED76形の構造(第1次車 1～8号機)

両端動力台車

動力台車はED75形と同じDT129だが、運転整備重量も87 t(空車重量80.58 t)と大きく、これにより基礎ブレーキ装置の倍率が7.5と高くなり、基礎ブレーキ装置が新設計となった。第1台車がDT129C、第2台車がDT129Dとなった。

中間付随台車

動輪上軸重を16.8 tに抑制するためTR103A中間付随台車を設けてある。この中間台車には軸重制限がある線区を走行できるように動輪軸重を可変させるためと、SG運転に伴って減少する動輪上軸重を調節する軸重調整装置が設けられている。

このように軸重軽減などが主目的であることから、中間台車によって機関車全長が長くなることや重量が増えることを極力避けるため構造は簡素で、台車枠はH形で軸バネは省略されており、軸受は軸箱をゴムで覆って台車側梁に取り付けられている。また、基礎ブレーキ装置も省略した小型軽量構造となっていることが大きな特徴である。

枕バネは、外観は空気バネのように見えるが、内部にはコイルバネがあって実際の車体重量はコイルバネが負担している。中間台車用の心皿は設けられているが、台車回転中心を決めるためのもので、簡単な構造となっている。

空気バネは内圧を変えることで動輪軸重を可変させる軸重調整装置のために設けられている。なお、車高と、機関車重量の変化に伴う動輪軸重を一定に保つLV3自動高サ調整弁は、軸重調整装置にも使用することからED76形専用となっている。

この中間台車は曲線区間などにおいて最大180mmの横動が必要であるため、側受にコロを使用することで横動を許している。

ED76形0番代

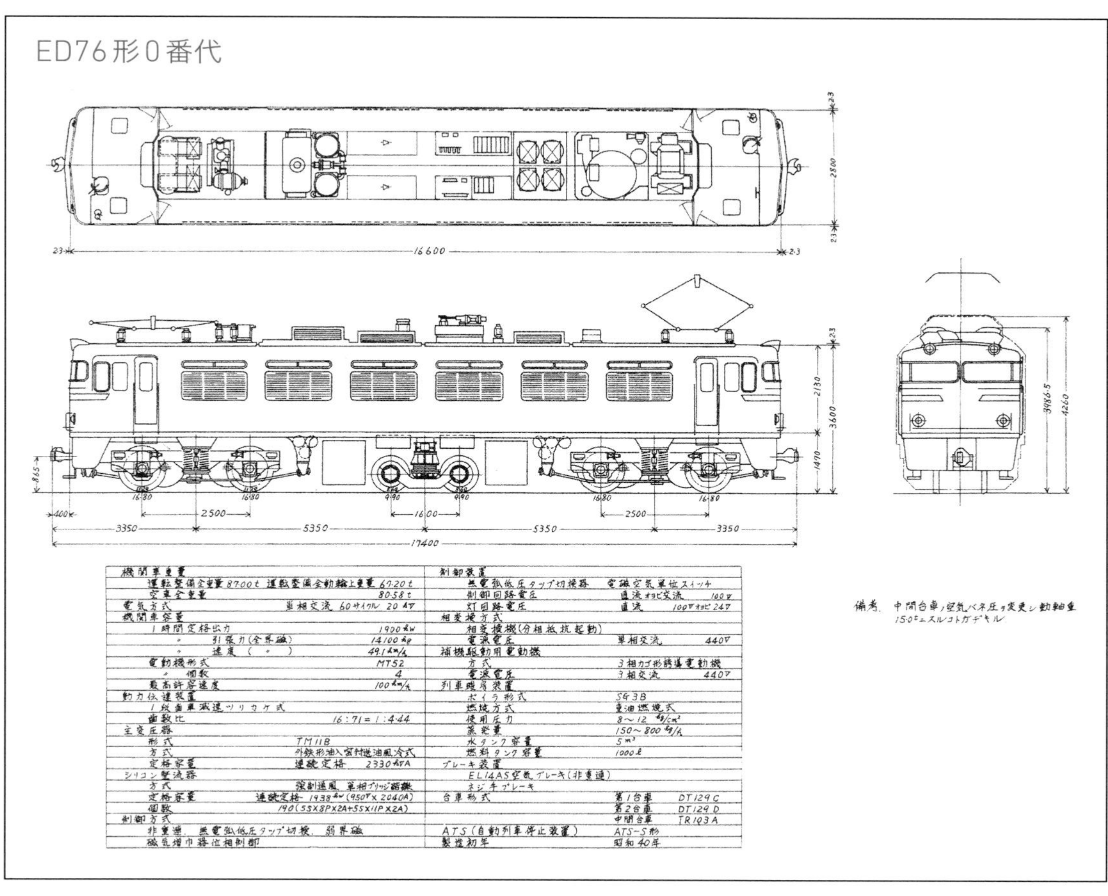

機関車重量	
運転整備全重量 87.00t 運転整備全動輪上重量	67.20t
空車全重量	80.58t
電気方式	単相交流 60サイクル 20KV
機関車容量	
1時間定格出力	1900kW
〃 引張力(全界磁)	14100kg
〃 速度(〃)	49.1km/h
電動機形式	MT52
〃 個数	4
最高許容速度	100km/h
動力伝達装置	
1段歯車減速ツリカケ式	
歯数比	16:71=1:4.44
主変圧器	
形式	TM11B
方式	外鉄形油入密封送油風冷式
定格容量	連続定格 2330KVA
シリコン整流器	
方式	強制通風 単相ブリッジ結線
定格容量	連続定格 1938kW(950V×2040A)
個数	190(5S×8P×2A+5S×11P×2A)
制御方式	
非重連、無電弧低圧タップ切換、弱界磁	
磁気増巾器位相制御	

制御装置	
無電弧低圧タップ切換器	電磁空気単位スイッチ
制御回路電圧	直流オヨビ交流 100V
灯回路電圧	直流 100Vオヨビ24V
相変換方式	
相変換機(分相抵抗起動)	
電源電圧	単相交流 440V
補機駆動用電動機	
方式	3相カゴ形誘導電動機
電源電圧	3相交流 440V
列車暖房装置	
ボイラ形式	SG3B
燃焼方式	重油燃焼式
使用圧力	8～12kg/cm²
蒸発量	150～800kg/h
水タンク容量	5m³
燃料タンク容量	1000ℓ
ブレーキ装置	
EL14AS空気ブレーキ(非重連)	
ネジ手ブレーキ	
台車形式	第1台車 DT129C
	第2台車 DT129D
	中間台車 TR103A
ATS(自動列車停止装置)	ATS-S形
製造初年	昭和40年

車体

ED75形やEF64形の車体荷重試験の結果を取り入れ、部材の強化を図ったものとなった。ED75形とED76形で大きく異なるのは前述の通りSGを搭載していることだ。SGは燃料(1,000L)と大量の水(5t)を搭載する必要があり、全長がED75形の14,300mmから17,400mmとかなり大型の車体となった。車体が大きい分とSG運転用の空気と冷却風を取り込む必要性から、エアフィルタが片側6枚となった。九州島内は貨物列車の牽引定数が小さく、勾配線区もないことから非重連形であり、運転室前面の貫通扉がなく、前面上部は5度の傾斜を付けてあり、前面形状の印象はEF65形0番代2次車に近いものとなった。

屋上は機器出し入れのため4分割で取り外せるようになっている。また、ED75形では屋上に上るハシゴを貫通扉裏側に設置していたが、ED76形では運転室助士席側の機器室に収納されていて、これを取り出して側開戸を開いて、下側敷居部分にある水抜き穴に差し込んで使用する。

側面の機器取出口蓋は1エンド側の両側に設けられており、内部に収められた蓄電池を左右どちらからでも取り出せる。

このように性能面ではED75形と同様ながら、外観のイメージは大きく異なる。

主回路用の主な電気機器

おおむねED75形と同じ機器を採用している。主変圧器と補助機器の一部は電源周波数が60Hzであるのに加えて、低温降雪地域ではなく、先に投入されていたED72・73形との取り扱いの統一性などを考慮して、ED75形とは若干異なる機器が使用されている。主回路用機器では避雷器が続流遮断能力を向上させたLA104に変更されていて、ED75形300番代も同じものを使用している。

以下、50Hz用のED75形との相違点を挙げた。

パンタグラフ

ED75形ではバネ上昇空気下降式のPS101が採用されたが、ED76形では空気上昇・自重下降式のPS100Aが採用された。基本構造はED72形のPS100と同じで、同一地区で使用されることから同じものが採用されたと思われる。枠組などにPS16やPS17と共通部品を使用しているのは、ED75形のPS101と同様である。

上げ操作では、各パンタグラフには滑り弁を内蔵した集中制御弁にエアを供給する。集中制御弁から主シリンダと緩衝シリンダにエアを分配する。主シリンダに入ったエアはピストンを押し出し、バネ腕テコ、バネ腕作動軸、バネ腕を動作させ、2個ある主バネの張りを強める形となってパンタグラフは上昇を開始する。

一方、緩衝シリンダに入ったエアはピストンを押し出し、ここに上昇中のパンタグラフ主軸の緩衝テコが当たる。この時点でパンタグラフの上昇はいったん止まるが、作動軸の動きによって集中制御弁で緩衝シリンダのエアを徐々に排気する。緩衝シリンダ内の圧力低下によってパンタグラフは緩やかに上昇し、トロリ線に緩やかに接触する。

下げ操作は主シリンダのエアを排気すると速やかに下降を開始するが、ある程度下降すると主シリンダの排気口が絞りのあるものとなるため、途中から下降速度が減速し、衝撃を緩和して下降が完了するようになっている。

パンタグラフは自重で下降した状

ED76形90号機の中間台車。軽量化のため、台車枠はH形で軸箱はゴムで覆われている。
写真／高橋政士

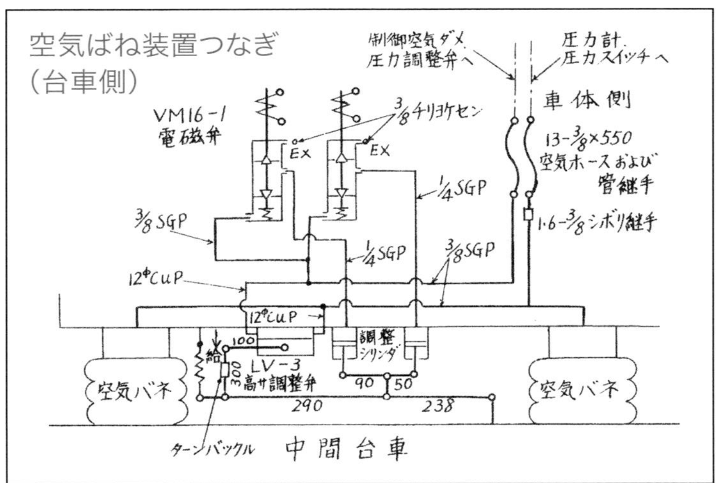

態となっているのでカギ装置はなく、よってパンタグラフへの空気碍管も1本である。

空気遮断器(ABB)

ED75形とは異なり、ED72・73形に用いられるものと同系のCB101Eが採用された。動作自体はCB103と同様である。避雷器はED75形量産車と同じLA104である。

主変圧器

60Hz用のTM11Bとなっている。ED75形量産車に採用された50Hz用のTM11Aとほぼ同じである。周波数の違いにより冷却用送風機と絶縁油送油ポンプの誘導電動機の回転速度が変わってしまうため、ランナ(羽根)を変更しているほか、補助機器に供給する電圧を変更する必要から、3次巻線の出力電圧を384Vから448Vに変更している。また、電気暖房は使用しないので4次巻線はあるものの使用されていない。

COLUMN

軸重調整装置

ED76形の最大の特長ともいえるのがこの軸重調整装置だ。「軸重制御」や「軸重可変装置」とも呼ばれる。機構的にはDD51形液体式ディーゼル機関車で採用されたものと同じだ。

九州島内の電化区間は軸重が15tに制限される線区があり、ED72形でもそれに備えて軸重を切り換える機構を持っていたが、容易に切り換えられる機構ではなかったため、実際には使用されなかった。ED76形ではこれを容易に取り扱えるようにして、なおかつ低速での力行時と減速時には動輪軸重をそれぞれ1t増加させる機能も盛り込んだ。

この軸重調整は中間台車の高さを変化させることで制御している。中間台車の枕バネはコイルバネだが、その周囲を覆うように空気バネのジャケットが覆っている。空気バネには車高を一定の高さに保つように、車体に取り付けられたLV3自動高サ調整弁と中間台車を結ぶリンク機構があり、これによって車高を検知し空気バネ圧力を調整している。

この自動高サ調整弁につながるリンク機構の途中に支点を設け、そこにさらに水平テコと調整シリンダを2組設けて、調整シリンダに対してオフ電磁弁を通してエアを供給し、その支点位置を変化させることで軸重を調整する。

132ページ下の図で、2個の電磁弁が共に消磁された状態だと、90mm側と50mm側調整シリンダにエアが供給されている。この場合では軸重は15tとなる。

軸重調整用電磁弁が励磁され、50mm側調整シリンダへのエアの供給が絶たれると、リンク機構支点位置が若干上へ移動し、自動高サ調整弁から空気バネ内のエアが排気され車体が下がる。この場合の軸重は15tから16.8tへと切り換わる。この状態で90mm側調整シリンダへのエアの供給が絶たれると、水平テコ自体が上へ移動し、リンク機構支点位置もさらに上がることになり、自動高サ調整弁からの排気が進んで、動輪軸重は1tずつ増加する仕組みである。よって軸重は16.8t＋1t＝17.8tまで増大する。

なお、電磁弁に電源オフ状態で調整シリンダにエアを供給するオフ電磁弁を使用しているのは、故障などの際に最大軸重による軌道に影響を抑えるためである。

No	線区	種別	両端台車軸重 t	中間台車軸重 t	中間台車バネ上荷重 t	中間台車バネ コイルバネ受持1台車分 t	中間台車バネ 空気バネ受持1台車分 t	空気バネ内圧 Kg/cm²	機関車重量 t	車体の上り量 mm	記事
1	15. t	空車走行	15.	10. 5	17. 6	4.53	13. 07	3. 32	81	20. 3	
2		〃 引出	16.	8. 5	13. 6	5.59	8. 01	2. 06	〃	9.	
3		〃 LV3故障	13. 7	13. 1	22. 8	3. 2	19. 6	5	〃	35	
4		〃 パンク	17.58	5 33	7. 26	7. 26	0.	0.	〃	−8. 85	
5		運整走行	15.	13. 5	23. 6	4. 53	19. 07	4. 85	87	20. 3	
6		〃 引出	16.	11. 5	19. 6	5 59	14. 01	3. 56	〃	9.	
7	17 t	空車走行	16. 8	6. 9	10. 4	6. 44	3. 96	1. 01	81	0.	基準 車体床 レール面ヨリ 1470mm
8		〃 引出	17.58	5 33	7. 26	7. 26	0.	0.	〃	−8. 85	
9		運整走行	16. 8	9. 9	16. 4	6. 44	9. 96	2. 54	87	0	
10		〃 引出	17. 8	7. 9	12. 4	7. 5	4. 9	1. 25	〃	−11. 3	
11		〃 パンク	18.77	5 965	8. 53	8. 53	0.	0.	〃	−22. 2	

(参考) 計算の基礎となる数値

(1) 運転整備重量 87t
(2) 空車時重量(油・水なし) 81t
(3) 両端台車重量(1両当り) 3.1t
(4) 中間台車重量(1両当り) 4t
(5) 中間台車ばね下重量(1両当り) 3.4t
(6) 両端台車ばね定数(1台車当り) 177Kg/mm
(7) 中間台車ばね定数(1台車当り) 94Kg/mm
(8) 機関車1両当りばね定数 448Kg/mm
(9) 空気ばねの有効径 500φmm
(10) 空気ばねの有効面積/1個(1両当り2個) 1963.5cm²(1両当り3927cm²)

タップ切換器

ED75形と同じである。

主磁気増幅器

ED75形と同じである。

主整流器

ED75形と同じである。

主平滑リアクトル

ED75形と同じであるが、床下には中間台車とSG用の水タンクがあるため、機器室内の設置となっている。

主電動機

ED75形と同じである。

蒸気発生装置(SG)

メンテナンスを考慮して蒸気発生装置本体はED72形と同じSG3Bが採用された。常用の蒸発量は1時間当たり700kg/hで、その時の蒸気圧力は800kpaとなっている。燃料はA重油を使用し、燃料タンクは中間付随台車上部の車体床下との間に500Lのものを2個、合計1,000Lのものを設置している。

ただしSG3Bは、ED72形のものに対して改良がなされている。使用する水にはさまざまな不純物が含まれており、酸素や炭酸ガスを除去するため、いったん水を煮沸する脱気器(簡易空気分離器)が設けられているが、これの温度管理をしやすいようにDD51形のSG4の空気分離器と同じものとした。

不純物のうちカルシウムやマグネシウムなどは、水が蒸発したあとに蒸発管に付着する。これを防ぐために内部を循環する水に清缶剤を投入するが、ED72形のSG3Bでは固形のものを使用し、配管途中でそれを溶解させるための装置が付属していたが、溶解度が均一にならず、満足できるものではなかった。

ED76形のSG3Bでは清缶剤を液体とし、薬液槽と注入ポンプが設けられ車体下部の水タンクに給水した際に、給水量に応じた清缶剤溶液を一括投入する方式となった。また清缶剤は蒸発が進んで酸性に傾く循環水のpH調整を行う目的もあり、pH値は10〜11.3に調整するのが望ましいとされる。なお水タンクは中間台車の前後に2,500Lのものを2個取り付けており、それぞれが連通管で結ばれている。

ほかには付属装置と制御回路は大幅に改良された。送水ポンプは脈動を抑制するため容量を増大しているほか、操作方法を簡単にするため、点火時の操作を一部自動化するなどしている。

ED76形の区分

九州用のED76形は熊本電化用に1965(昭和40)年に登場した。先行量産車ともいえる1〜8号機に続い

COLUMN

ED72・73形の主整流器換装

ED72・73形の設計・新製当時は、国鉄をはじめ機関車製造メーカーも交流電気機関車製造には試作的な域を脱しておらず、ED71形試作車で3社による競作となった際に、東芝製の空冷式イグナイトロン水銀整流器を使った高圧タップ制御も好成績を収めたため、1961(昭和36)年にED72形試作車が、翌年からED72形量産車とED73形が新製されるに至った。

この時点では1960(昭和35)年に登場した401系交直流電車、EF30形、EF80形交直流電気機関車において、半導体のシリコン整流器が実用化されており、1962(昭和37)年には全面的にシリコン整流器を採用した北陸本線用のEF70形、ED74形が新製された。このためED72・73形は最後の水銀整流器式の交流電気機関車となった。

シリコン整流器は故障も少なく、メンテナンスにも手間が掛からないことから、交流標準型電気機関車ED75形でも全面的に採用され、主要電気機器が同じED76形でも採用されている。一方、デリケートな水銀整流器は常に振動にさらされることからメンテナンスに手間がかかっていた。そこで1970(昭和45)年から水銀整流器をシリコン整流器へ換装する改造工事が施工された。

従来の水銀整流器では格子位相制御により、力行時に連続電圧制御を行うことでトルク変動を少なくして空転を抑制していたが、シリコン整流器に改造すると連続制御は不可能になる。しかし、列車単位が大きくなかったのと、ED72・73形のDT119台車は逆ハリンク構造を採用して、空転につながる軸重移動が起きにくい構造となったため、格子位相制御がなくとも運用可能と判断されたようだ。

シリコン整流器改造はED72形が3・4・9・10〜20・22号機の15両。ED73形は全車に施行された。なお、ED70形、ED71形も一部がシリコン整流器に改造された。

て、若干の設計変更が加えられて製造が進められた。以下はその変更点などを取り上げてみよう。

9〜26号機

1次車から1年おいた1967(昭和42)年に製造された九州電化用第2次車で、日豊本線電化用となる。基本的には第1次車を踏襲しているが、中間台車は基礎ブレーキ付きのTR103Dとなった。このため台車側梁にブレーキシリンダが設置され、ブレーキシュウは台車の前後に設置された片押し式となっている。同時に台車でブレーキ力が発生するため上心皿が取り付けられる車体台枠の中間枕梁が強化されている。中間台車の全長が長くなったことから、その前後にある水タンクの形状が変わった。軸重調整装置は動輪軸重を14tまで可変できるものにしている。

中間台車がブレーキ装置付きとなったため、動力台車は再び基礎ブレーキ装置が変更となり、第1台車がDT129K、第2台車がDT129Lに変更となった。また、後部標識の赤色板が廃止されたため、後部標識灯が大型の内嵌めタイプとなった。

27〜30号機

1968(昭和43)年は後述の500番代が製造されたため、0番代の製造は再び1年間をおいて、1969(昭和44)年から翌年にかけて製造されたグループである。新製時から元空気ダメ引通管(MRP)が設けられている。

主電動機がMT52Aに変更されたほか、主電動機冷却用電動送風機がMH3057-FK91Bに、電動空気圧縮機がMH3064B-C3000に変更されている。また、ED75形101号機以降と同じく、磁気増幅器制御装置にバックアップ回路が設けられた。

31〜48号機

1970(昭和45)年に製造されたグループ。1001〜1011号機から高速列車用の設備が装備されていないものだ。パンタグラフが500番代で使用されたPS102Aと同系の下枠交差型のPS102Cとなった。従来のPS100Aは自重下降式だったが、PS102Cはバネ下降式で、折り畳んだ状態での走行風の影響をあまり受けないものとなっている。

49〜54号機

31〜48号機と同じ1970(昭和45)年に製造されたグループ。基本的には前グループと同じだがだが、空気遮断器(ABB)が、ED75形700番代に先駆けて真空遮断器(VCB)に変更された。屋上機器配置に大きな変化はなく、ABBがVCBに置き換わったぐらいである。VCBを採用したほかの交流電気機関車では、耐寒耐雪構造で高圧機器を機器室内に設けているため、屋上にVCBを設置する唯一の交流電気機関車である。

55〜94号機

前グループからやや間を置いて1974(昭和49)年と翌75年、1976(昭和51)年にも製造されたED76形0番代の最後のグループ。ED75形1026号機やED75形700番代と同じ

鹿児島本線熊本電化用1次車の8号機。中間台車はブレーキがないのでブレーキシリンダがない。中間台車側面の配管は、床下の水タンク同士をつなぎ水位を同じにする連通管だ。スカート端部が丸められた形状をしている。写真／小野田 滋

ような改良を受けている。1人乗務にも対応するなど、使用する機器はメンテナンスフリー化と、信頼性向上のため新設計のものが多く使用されている。

外観では後部標識灯が小型の外嵌めタイプとなり、前面飾り帯がステンレスから普通鋼製の銀色塗装となり、形式番号はブロック式ナンバープレートに変更されている。

1001〜1010号機

31〜48号機に20系寝台客車や10000系高速貨車用の装備を追加したものである。前面スカート部分には20系との連絡電話用のKE59ジャンパ連結器栓受けと、電磁ブレーキ制御用のKE72ジャンパ連結器栓受けが設けられているが、それ以外は外観上の大きな変化はない。形式番号標記は車体に直付けである。

1011〜1014号機

1973(昭和48)年に製造されたグループで、49〜54号機と同じくブロック式ナンバープレートとなった。機器的にはABBがVCBに変更されているほか、列車無線の採用により20系客車との連絡電話が不要となったので、スカートのKE59ジャンパ連結器栓受けが廃止された。

1015〜1023号機

1979(昭和54)年に製造されたグループで、0番代は前年に製造が終了していたことから、これがED76形全体で最後の新製車となった。大きな特徴として、桜島の降灰対策として運転室側窓が気密性の高い横引きのユニット式アルミサッシに変更されているほか、ナンバープレートがエッチング式になっている。また、主電動機がMT52Bに変更された。

パンタグラフが下枠交差型のPS102Cに変更されたグループ。運転室の改造があったのか、2位と4位の後部標識灯を外嵌め式に改造されている。有田　1984年3月20日　写真／児島眞雄

寝台特急「富士」を牽引するJR九州所属の92号機。分かりづらいが屋上中央やや右寄りにある、ガイシが横向きになったような機器が、49号機から採用された真空遮断器(VCB)。門司　2006年5月17日　写真／高橋政士

最終グループは側窓がアルミサッシとなった。JR貨物に承継されたグループは1992年から更新工事が施工され、区別のために塗色が変更された。当初は白帯1本だったが、後に短く2分割されたものとなった。乗務員室扉をステンレス無塗装のものに交換したものもあった。　写真／新井 泰

ED76形500番代

ED75形以来開発された技術を使って製造されたED76形500番代は、第3章で詳解したED75形700番代の開発にあたって多くの技術を提供している。また、ED75形700番代とED79形へもつながる技術もあるので、やや詳しく解説しよう。

岩見沢第二機関区に集う518号機と513号機。F型並の大型車体で、SG容量が大きいため、床下の水タンクも巨大である。重連総括制御を持つためスカート部は空気ホース類に加えて、暖房用上記ホースなどもあってものものしい雰囲気だ。岩見沢　写真／児島眞雄

設計・開発までの経緯

函館本線小樽～旭川間の交流電化に備えてはED75形500番代が1両試作された。ED75形を名乗ってはいるが、制御にサイリスタを使用することで完全無接点化した画期的なもので、まったく異なる機関車といってもよいものだ。

東北本線や函館本線で実車試験が行われて良好な成績を収めた。しかし、サイリスタを使用することで無接点化はできたものの、トレードオフで高調波による周辺の通信設備などに誘導障害が起きた。

500番代では主変圧器の2次側巻線を4分割(23ページ参照)したものとしていたが、当時の技術ではこれを抑制するには2次側巻線を8分割すると解消するのではと考えられたが、高価なサイリスタを2倍も使うと製造コストが上昇し、また、機器の増加によって車体長も伸びて機関車自体が大型化する問題もあった。

そこで、主変圧器2次側巻線にED75形と同様の13タップを設け、磁気増幅器を逆並列サイリスタに置き換えた制御方式を採用することとした。このようにすればサイリスタが扱う電圧は低いもの(タップ間電圧は96V)となり、高調波が抑制され誘導障害も減少することとなる。

また、酷寒地での旅客列車牽引用に大容量の暖房用蒸気発生装置(SG)も必要となることからSG付きで設計されることとなった。SG付きであるため九州用のED76形と同じ形式となっているが、実質的にはED75形500番代の量産車であり、制御方式も違うため別な機関車ともいえる。

なお、石炭貨物列車などの重量列車牽引も考慮されていたため、単機増圧ブレーキは最初から装備しており、自連力緩和装置も試験された。

500番代の概要

1968(昭和43)年から翌年にかけ

て22両が製造された。増備は短期間で行われたため形態的変化は少ない。客貨両用とされたが、貨物列車は駅構内に非電化部分があったためと、石炭列車は非電化路線から直通する列車がほとんどであり、機関車交換の必要のない蒸気機関車や、それに代わって投入されたDD51形液体式ディーゼル機関車が牽引を担当したため、実際にはそれほど多く運用されなかったようだ。ED75形500番代は主に岩見沢～旭川間で室蘭本線へ直通する貨物列車に使われた。

ED76形500番代はパンタグラフを小樽方となる1エンド寄りをメインとして使用し、旭川方の2エンドは予備として使用していた。この片方のパンタグラフをメインとする方法は青函トンネル区間でも踏襲された。

元来電化区間が短く、711系電車の増備が進むと客車列車が減少し、国鉄時代末期には501～503・505号機が廃車となった。JR化後の1989（平成元）年には青函トンネル用に514号機が551号機に改造されたものの、1990(平成2)年には517・519号機が廃車。1994(平成6)年には551号機を除き全車廃車となった。その後、551号機が2001（平成13）年に廃車となり、500番代は区分消滅した。

ED76形500番代は三笠鉄道記念館に505号機が、小樽市総合博物館に509号機が保存され、後者ではED75形501号機も保存されていたが、同館の2両は2023(令和5)年に解体が決定された。

ED76形500番代の構造

両端動力台車

基本的にED75形500番代で採用したDT129G・DT129Hと同じだが、心皿間隔がED75形500番代の7,900mm（0・700・1000番代は7,600mm）に対して11,500mmと、3,600mmも長く回転角度が大きくなることから、軸箱下部にあるジャックマンリンク押棒が通る案内部分の幅を広げた。このため第1台車がDT129R、第2台車がDT129Sとなった。

基礎ブレーキ装置も基本構造は同

ED76形500番代

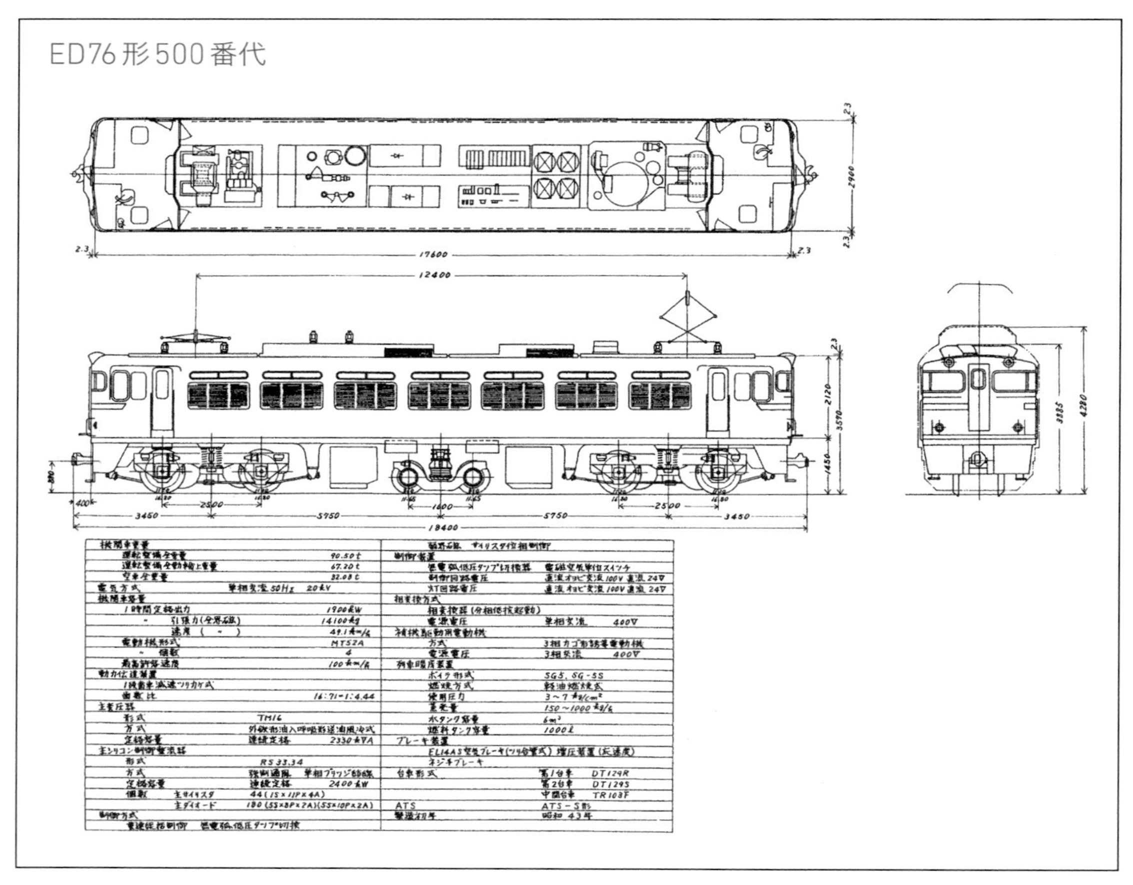

じだが、耐雪ブレーキとして制輪子圧着装置を新たに装備している。これは従来のブレーキ主シリンダ(φ180×150)背面の蓋を取り外し、そこにφ70×150の圧着シリンダを取り付け、このシリンダに約420kPaのエアを供給して、主シリンダのピストンを押し込む構造としたものだ。エア圧力は大きいが、シリンダ直径が小さいため、大きな力でブレーキシュウを圧着させることはない。圧力が一定なので車輪直径など現車に合わせて圧力の微調整が必要となる。また、砂撒き管も凍結防止ヒータ付きだが、先端まで加熱する厳重なものとなっている。

中間付随台車

暖房用蒸気発生装置(SG)搭載に伴って車体長が伸びた関係で、0・1000番代のTR103Dと基本構造が同じTR103F中間付随台車が設けられた。台車枠内部の補強などが一部異なっている。中間台車は曲線での横移動が必要になり、同じくコロ側受けを採用しているが、0・1000番代の180mmに対して、500番代は車体長が長いため200mmの横動を許容している。

0・1000番代では運用線区の軸重制限によって動輪上軸重を可変する軸重調整装置が装備されていたが、500番代では運用線区による軸重制限はないことから、軸重調整装置はなく基本的に動輪軸重は16.8 tで固定されている。

ただしSG運転に伴って搭載した水と燃料が減少するため、重量減少によって動輪軸重も変化することから、それを補正するために0・1000番代と同じくLV3自動高サ調整弁が用いられている。また、自動高サ調整弁は保温箱に覆われており、内部の動作油が固くなったり、空気弁が凍結を防止するためにヒータが内蔵されている。

車体

車体長は17,600mmで、車体幅は2,900mmと、車両限界の規定が変わったためEF81形と同様に拡幅車体となり、0・1000番代に対して100mm幅が広くなっている。全長は0・1000番代の17,400mmから、500番代は18,400mmと長くなり、EF70形の16,750mmと比べても長く、車体幅の拡大もあって大柄な電気機関車である。その反面、特別高圧機器は機器室内に収められたためスマートな印象も持つ。

屋上は機器出し入れのために4分割の取り外し式となっている。側面には冷却風取入口のエアフィルタが片側に7個並んでおり、外部のパンチプレート下部にはスリットがある独特の形状だ。

これはED75形500番代にも採用された酷寒地仕様の電気機関車独特の装備で、パンチプレートと内部のエアフィルタの間に隙間を設けてあり、その間に拭き腕を設けてある。エアフィルタが詰まった場合にこの拭き腕を機器室内から動かし、詰まった雪を掻き落とし、その雪を排出するためのスリットである。

中間台車は車体荷重を枕バネでのみ負担しているが、ED76形1次車とは異なり最初から基礎ブレーキ装置が付いているので、ブレーキ力を車体に伝える上心皿のある車体台枠の中間枕梁が強化されている。

重量のある石炭列車牽引を考慮して重連総括制御を持っているので、運転室前面には貫通扉が設けられている。気笛はAW2が助士席側屋上に設けられているが、タイフォンのAW5は貫通扉横の助士席側前面に設けられている。こちらは電車などに使用される二つ折り式の笛シャッター装置があり、特異な印象だ。AW5本体は凍結防止のため運転室内にあり、笛シャッター装置が貫通扉脇にあるのは、凍結した際に貫通扉を開けてすぐにアクセスできるようにしたのだろう。

側面の機器取出口蓋は1エンド側の両側に設けられており、内部に収められた蓄電池を左右どちらからでも取り出せるようになっているのは0・1000番代と同じである。

スノープロウ(雪カキ装置)は下部の板厚を6mmとしてED75形500番代より強化した。また、操車係用のステップも取付部分を強化しており、ほかのスノープロウ付きの電気機関車にと比べても独特の形状となっている。

運転室は車体幅が100mm広がったのと、さらに長さ方向を100mm拡大してあり、居住性が向上している。また、機器室入口扉も左右で50mmずつ拡大されて機器室との往来が容易となっている。

主回路用の主な電気機器

パンタグラフ

ED75形500番代では耐寒耐雪対策を強化した菱形のPS101Aが用いられていたが、ED76形500番代では新設計で下枠交差型のPS102Aが採用された。耐寒耐雪対策をさらに強化しメンテナンスフリーも考慮された構造となっている。

EF81形に採用されたPS22を原形としており、空気上昇バネ下降式となっている。折り畳み高さ290mm、標準作用高さ1,200mm、突放高さ1,840mmはPS22と同じである。なお、集電シュウなどはPS101と共通になっている。下枠を交差型としたことでパンタグラフ占有面積が小さくなり、積雪などの影響を最小限に留めることができる。このPS102

がED75形700番代に採用されたPS103の原形となった。

パンタグラフや高圧導体の支持ガイシのひだ枚数は、ED75形500番代の6段に対し、耐雪耐塩害対策として35mm高い7段のものが使用されている。

避雷器はED75形500番代と同じLA104Bである。

空気遮断器(ABB)

ED75形500番代と同じCB103Dが採用されている。基本的にはED75形0番代量産車などに採用されているCB103Aと同じだが、ED75形500番代、ED76形500番代は機器室内の設置となったため、補助空気ダメなどのカバー部分がなくなっている。

主変圧器

空気遮断器(ABB)などの特別高圧機器を機器室内に設置するスペースを作り出すため、横置き型構造を採用した点が特徴で、新設計のTM16となった。ED75形500番代のTM12は2次側巻線を4分割しているが、ED76形500番代ではタップ切換器を使用しているので分割はなく、TM11と同様に2次側巻線には13のタップが出されている。後にED75形700番代のTM16Aの原形となった。

TM11と同等の性能を持っているが、電気暖房は使用しないため、4次巻線は持っていない。また、サイリスタと磁気増幅器とでは、磁気増幅器の方が電圧降下が少ないので、将来的に磁気増幅器式のED75形と重連運転を行うことも考慮し、特性を揃えるため2次側電圧がTM11の1,250Vに対して、1,219Vと若干低く設計されている。

重量はTM11の4,500kgに対して4,100kgと、400kg軽くなった。冷却用の電動送風機はED75形500番代と同じく、凍結防止用ヒータを内蔵したMH3045-FK70Bを1基使用している。

タップ切換器

主変圧器がTM16となり、横置き型に形状が変わったことから、タップ切換器もそれに対応したLTC4となった。主変圧器と同じくED75形700番代に改良型が使われている。

主サイリスタ制御器

「主シリコン制御整流器」とも呼ばれるが、逆並列サイリスタでタップ切換器のタップ間電圧を制御するためのもので、区別が容易なように「主サイリスタ制御器」と呼ぶことにする。形式はRS33である。

磁気増幅器を逆並列サイリスタに置き換えたものなので、サイリスタは奇数タップ2アームと偶数タップ用2アーム、計4アーム分が機器箱内部に収められている。設計初期段階ではサイリスタと整流器をそれぞれ2組に分け、ほぼ同一設計の機器箱を2個設置する構想があったが、サイリスタゲート制御装置が各機器箱ごとに設けられると、機器箱同士で制御回路の渡りが大変多くなり、外部からのノイズなどによって誤動作を起こす可能性があることから、サイリスタはゲート制御回路ごと一つの機器箱に入れ、主整流器のダイオード(シリコン整流器)とは別々の機器箱になった。

前述のようにRS33には4アーム分のサイリスタと、直列リアクトル・並列コンデンサ・抵抗器などの付属機器と、冷却装置、ゲート制御装置、故障検出装置などが内蔵されており、機器箱内部は主回路部、制御装置部、冷却ファン部に分かれている。

機器箱のカバーはスリットを設けて開閉できる構造として、夏期は開放し、降雪期は閉めて雪が入り込むのを防止する。同時に上部カバーの通風口は中央廊下側は開放状態となっているが、側廊下側はパンチプレートとして降雪期に雪が直接入り込むのを防ぐ構造となっている。また、サイリスタのリード線には短絡事故を防ぐためのシリコンチューブが被せられている。冷却用電動送風機はMH3066-FK100を1基使用している。

なお、ゲート制御回路は非常に複雑となることから割愛する。

パターン変換装置

ED76形500番代は電圧制御にサイリスタ位相制御を使用しており、磁気増幅器を使用したED75M

蒸気暖房を使用して客車列車を牽引する510号機。連結面から蒸気が上がっているのは、蒸気ホース中間部に凝結水を排出する錘(おもり)弁が付いているためで、故障などではない。札幌　1986年10月13日　写真／児島眞雄

型とは特性が異なり重連総括制御はできない。本来であれば北海道内のみで運用するED76形500番代は、ED75M型と重連総括運転を行うことはないが、将来的に重連総括制御を行う可能性を考慮してパターン変換装置が設けられている。これはED75M型をサイリスタ位相制御に改造することを考慮したものではないかと推測される。実際、最初のサイリスタ位相制御の試験はED75形1・2号機で行われていた。

主シリコン整流器

主サイリスタ制御器で位相制御された交流を直流に変換する装置。形式はRS34である。内部には4アーム分のダイオードとその付属装置、冷却装置、故障表示装置が収納されており、機器箱は主回路部、故障表示部、冷却ファン部に分かれている。冷却用電動送風機はMH3066-FK100を2基使用している。ED75形501号機ではMH3034-FK69を使用したが容量が不足するため、ED76形500番代用に新たに設計されたものである。

主平滑リアクトル

ED75形などと同じくIC23を使用しているが、機器室内の設置となっている。冷却用電動送風機は、H3034-FK69を使用する。

主電動機

MT52Aを採用している。MT52AはED75形700番代の項で述べた通りだ。そのほかの改良点である電機子コイルに無溶剤型エポキシワニスの採用、整流子と電機子コイルとの接続にTIG溶接の採用は製造工程が大きく変わることから、製造が早いものはMT52Aでも全部の改良が済んでいないものもあった。

しかし、ED76形500番代は酷寒地での運用が前提であったので、最初からすべての改良が済んだものが使用されている。

冷却用電動送風機はMH3057-FK91Aで、ED76形27号機から採用されたものの50Hz版である。形状は両軸の電動機の両側に勝手違いでファンが取り付けられているもので、ED76形では車体全長が長いことからこれを2基使用している。それぞれ機器室内の運転室寄りに各1台ずつ設置され、1台の送風機で2基の主電動機を冷却している。

主幹制御器

MC109Cが採用されている。ED75形1・2号機のMC109、量産車のMC109A、ED76形0・1000番代のMC109Bに続くものだが、低圧タップ切換、サイリスタ位相制御であり、実質的にはED75形500番代の量産車であることから、ED75形500番代のMC111の改良型となっている。

MC111自体はMC109Aのパターン発生部をサイリスタ制御用に無接点化したもので、ED75形3号機以降と重連総括制御可能としたものであり、これを再びタップ切換器の制御と、磁気増幅器に代わってサイリスタ制御器の制御を可能とするように改良したものなので、操作方法はMC111と同じである。

電気連結器

ED76形500番代では2種類のジャンパ連結器を使用しており、重連総括制御用には55芯のKE70HDが採用された。103系やDD51形などにも採用されている多芯のもので、形式のHは凍結防止用にヒータ付きであることを表し、Dは改良順を示しており、ED76形500番代用にピン番号を変更したものである。

なお、ED75形500番代ではED75形0番代に使用された27芯のKE63に脱落防止機構と保温用ヒータを追加したKE77Aを採用している。これはED75形101号機以降にも採用された。501号機は量産化改造によりKE70HDに改造されている。

もう一つの電気連結器はKE79だ。こちらは水タンクなどの凍結防止のため、蒸気発生装置(SG)の運転用電源を外部から供給するもので、車体中央付近の側面台枠下部に設けられている。単相交流400Vの電気連結器なので接触端子は2芯しかなく、大変シンプルなジャンパ連結器だ。

蒸気発生装置(SG)

酷寒地仕様であることから、0・1000番代に使用されたSG3Bの1時間あたりの常用最大蒸発量700kg/hに対して1,000kg/hと大容量化され、形式はSG5またはSG5Sとなった。SG5はDD51形、DE10形に使用されたSG4(常用最大蒸発量700kg/h)と部品の共通化を図っている。

これまでのSGは燃焼運転に入ったあとは自動制御されていたが、運転開始時と停止時には取扱者が燃焼状態を確認しながら操作を行う必要があった。SG5Sはこれに自動制御に必要な機器を新たに付加し、運転室から起動・停止と、主蒸気弁の開閉を行えるように改良したものである。主要部品の構造や取付座などはSG5と同一で互換性がある。

燃料はディーゼル機関車の燃料と共通の軽油となり、燃料タンクは0番代と同じように中間台車上部と車体床下との間に容量500Lのものを2個、合計1,000Lのものを設置している。水タンクは中間付随台車前後に設置され、1エンド寄りが約2,950L、2エンド寄りが約3,150Lの合計約6,100Lとなっている。

酷寒地仕様であることから留置中に水タンクが凍結するのを防ぐために、保温運転を行うことができる。給水回路の三方コックを切り換えてSGを運転し、水タンク内に蒸気を吹き込んで70〜80℃に加熱し、その水を送水ポンプで停止中のSG本体

ED76形551号機は、余剰となった514号機を青函トンネル用に改造したもので、SGを撤去し抑速用回生ブレーキの機器を追加している。屋上には安定抵抗器が搭載されている。津軽今別～木古内間　写真／高橋政士

内に循環させ、水回路の凍結を防止する。

この保温運転にはパンタグラフが上昇しABBが投入状態であれば主変圧器の3次巻線からの電源を使用するが、切換スイッチを扱うことで外部電源も使用できるようになっている。スイッチを外部電源側に切り換えるとABB投入回路が開放され誤投入防止となる。外部電源は車側のKE79電気連結器より供給する。外部電源使用中は1・4位乗務員室扉脇にある橙黄色の車側表示灯が点灯して確認できるようになっている。

自連力緩和装置

長大編成の貨物列車で非常ブレーキを扱った際に、後部車両で大きな自連力が発生する場合がある。実際に発生すると自動連結器に大きな衝撃力が加わったり、場合によっては座屈によって脱線する要因にもなりかねない。そこでこれを緩和するためのものが自連力緩和装置で、実際に2両に取り付けて試験が行われたとされるが、試験結果などはハッキリせず、運用開始後は重量級の石炭貨物列車の牽引を担当することもなかったので、試験のみ行われたものと推測される。

自動連結器のコンタ（連結面の形状）は圧縮牽き出しを行えるように22mmの空隙が設けてある。列車は動き出すときが最も抵抗が大きく空転が発生しやすく、動き出してしまえば抵抗が少なくなる。圧縮牽き出しはこの原理を利用するものだ。空隙を詰めた状態（スラックイン）から1両1両を順々に牽き出してゆく。

このように低速で貨物列車を牽引中は自動連結器が伸びた状態（スラックアウト）となっている。コンタの空隙が22mmとして50両編成と仮定すると、最後部の車両では約1mにもなる。さらに連結器緩衝器もあることから力行中ではそれ以上になる。この状態で機関車から非常ブレーキを作用させると、自動空気ブレーキの特性上、列車前方から非常ブレーキが作用するので、後部寄りの貨車は走行中の速度から前車に対して、激突するに等しい衝撃が加わることになる。

そこで自連力緩和装置は40km/h以下で走行中に非常ブレーキを扱った際、まず機関車のみに非常ブレーキが作用して貨車側の自動連結器がスラックアウトからスラックインに移行した頃、4秒後に編成全体に非常ブレーキを作用させる仕組みになっている。40km/h以上では自連力緩和装置は作用せずに直ちに非常ブレーキが作用する。

また増圧ブレーキは50km/h以上で走行している時に作用する。

STAFF

編　集
林 要介（「旅と鉄道」編集部）

デザイン
安部孝司

写真・資料協力（五十音順）
新井 泰、植村直人、児島眞雄、高橋政士、千葉恵一、
辻阪昭浩、中村 忠、長谷川智紀

取材協力
東日本旅客鉄道株式会社

高橋 政士
たかはし・まさし

1965年千葉県松戸市は馬橋に生まれる。独学で鉄道写真や風景写真を撮り続け、写真スタジオに入り広告写真も学ぶ。現在ではカメラマンと共に鉄道テクニカルライターとして雑誌などで執筆活動、保存車両の整備活動なども行っている。著書に「国鉄・JR 機関車大百科」（共著・天夢人）、「「稀」車両（講談社エディトリアル）、「完全版！　鉄道用語辞典」（講談社）など。旅鉄車両ファイルシリーズでは多くの巻で執筆に携わる。

参考文献

日本国有鉄道発行（車両設計事務所・臨時車両設計事務所・車両局設計課）
ED75形式交流電気機関車説明書／同 付図／ED75形式交流電気機関車（一般形、高速形変更点）説明書／同 付図／ED75形式交流電気機関車（ED75301以降）説明書／ED75形式交流電気機関車（ED75501）説明書／ED75形式交流電気機関車（ED75701以降）説明書／同 付図／ED75形式交流電気機関車（ED75735以降）説明書／ED76形式交流電気機関車説明書／ED76形式交流電気機関車（ED76501以降）説明書／ED79形式交流電気機関車説明書

一般刊行物等
新版 電気機関車ガイドブック 交流機編（杉田 肇／誠文堂新光社）／新版 国鉄電車ガイドブック 新性能電車 交流編（浅原信彦／誠文堂新光社）／電気機関車展望（久保 敏・日高冬比古／交友社）／資料ED75のメカニズム（SHIN企画／機芸出版社）／鉄道車両・台車のメカ（手塚一之／大河出版）／国鉄車両関係色見本帳＋車両色図鑑（レイルウエイズグラフィック／グラフィック社）／EF81形交直流電気機関車（武子正雄・正木 一／交友社）／鉄道工場 各号／R&M 各号／日立評論 各号／富士時報 各号／鉄道ピクトリアル 各号／レイルマガジン 各号

旅鉄車両ファイル009
国鉄ED75形電気機関車

2023年8月21日　初版第1刷発行

著　　者　高橋政士
発 行 人　藤岡　功
発　　行　株式会社 天夢人
〒101-0051　東京都千代田区神田神保町1-105
https://www.temjin-g.co.jp/
発　　売　株式会社 山と溪谷社
〒101-0051　東京都千代田区神田神保町1-105
印刷・製本　大日本印刷株式会社

■内容に関するお問合せ先
「旅と鉄道」編集部　info@temjin-g.co.jp
電話03-6837-4680
■乱丁・落丁に関するお問合せ先
山と溪谷社カスタマーセンター
service@yamakei.co.jp
■書店・取次様からのご注文先
山と溪谷社受注センター
電話048-458-3455　FAX048-421-0513
■書店・取次様からのご注文以外のお問合せ先
eigyo@yamakei.co.jp

ISBN978-4-635-82512-2